信息安全的数学基础

吴宏锋　邹建成　陈小光　编著

北京邮电大学出版社
www.buptpress.com

内 容 简 介

《信息安全的数学基础》围绕信息安全相关课程所需的数学基础,介绍组合数学、抽象代数、数论的基本原理和方法。本书的内容包括组合数学基础、群、环、域、整数、同余、数论函数、Legendre 符号、Jacobi 符号等。本书根据信息时代的需要精选内容,抓住主线,整合知识点,简洁且通俗易懂,注重培养学生科学的思维方式。本书各章末尾都附有相当数量的习题,便于教学与自学。

《信息安全的数学基础》可作为信息安全专业、密码学专业、计算机专业的本科生和研究生的教科书,也可以供从事信息安全工作的科研人员参考。

图书在版编目(CIP)数据

信息安全的数学基础 / 吴宏锋,邹建成,陈小光编著 . -- 北京:北京邮电大学出版社,2016.7
ISBN 978-7-5635-4730-2

Ⅰ. ①信… Ⅱ. ①吴… ②邹… ③陈… Ⅲ. ①信息安全-应用数学 Ⅳ. ①TP309②O29

中国版本图书馆 CIP 数据核字(2016)第 071913 号

书　　　名:信息安全的数学基础
著作责任者:吴宏锋　邹建成　陈小光　编著
责 任 编 辑:刘　颖
出 版 发 行:北京邮电大学出版社
社　　　址:北京市海淀区西土城路 10 号 (邮编:100876)
发 行 部:电话:010-62282185　传真:010-62283578
E-mail: publish@bupt.edu.cn
经　　　销:各地新华书店
印　　　刷:北京通州皇家印刷厂
开　　　本:787 mm×960 mm　1/16
印　　　张:5.75
字　　　数:121 千字
印　　　数:1—2 000 册
版　　　次:2016 年 7 月第 1 版　2016 年 7 月第 1 次印刷

ISBN 978-7-5635-4730-2　　　　　　　　　　　　　　　　定　价:18.00 元

前　　言

　　近年来随着信息技术的迅猛发展,人们对信息安全的需求越来越广泛,各高校也陆续开设了相关的课程,包括密码学、信息安全、编码理论等等。信息安全是一个涉及数学、计算机与信息科学等多个领域的交叉学科,数学在信息安全中骑着核心作用。目前国内已出版了不少信息安全的数学基础等相关方面的书籍。本书旨在为信息安全专业、密码学专业等所需的数学知识提供一个简明而完备的入门教程,使读者了解组合理论、群论、初等数论、域论等方面的基础知识,拓展学生的数学视野,并为进一步学习更专业的知识提供便利。本书在编写过程中力求做到叙述简明,科学严谨,并不假定读者具有很多的数学知识,大学低年级的学生不查看其它书籍资料就能看懂本书。

　　本书可作为信息安全专业、密码学专业、计算机专业的本科生和研究生的教科书,也可供从事信息安全工作的科研人员参考。

　　在本书的编写过程中,我们参考了国内外许多相关的书籍,我们将它们一一列在本书最后的参考文献中。本书中很多章节的内容、例题、习题都并非作者原创,而是取材于这些参考文献,在此一并致谢。由于水平有限,书中难免有疏漏和不当之处,敬请读者批评指正。

目　　录

第1章 预备知识

本章作为开端,简要回顾一些基础知识。这一章我们介绍集合论的一些基本知识。集合是数学的基本概念之一,但是,值得注意的是集合这一基本概念,没有一个严谨的数学定义,只有一个描述性的说明。但这里介绍的集合论通常称为朴素的集合论,不涉及逻辑学中的悖论,本书中的集合指的是具有一定属性的事物形成的一个集体。我们假设读者已经熟悉集合论的基本概念,如交集、并集、子集、包含、映射以及德·摩根(De Morgan)定律等。进一步的内容参看文献[9]。

1.1 集 合

定义 1.1.1 把人们直观或思维中某些确定的能够区分的对象汇合在一起,使之成为一个整体,这一整体就是**集合**。组成集合的这些对象称为这一集合的**元素**(或简称为**元**)。

没有任何元素的集合称为空集,记作 $\varnothing$。

设 A 是一个集合,a 是一个元素。如果 a 是 A 的元素,记作 $a \in A$,读作 a **属于** A。如果 a 不是 A 的元素,则记作 $a \notin A$,读作 a **不属于** A。

定义 1.1.2 如果集合 A 的每一个元素都是集合 B 的元素,即若 $a \in A$,则 $a \in B$,记作 $A \subset B$ 或 $B \supset A$,分别读作 A 包含于 B 和 B 包含 A。

如果 $A \subset B$,则称 A 为 B 的子集。如果 A 是 B 的子集,但 A 又不等于 B,即 B 中至少有一个元素不是 A 的元素,则称 A 为 B 的真子集。

定义 1.1.3 给定集合 X,称 X 所有子集构成的集合为集合 X 的**幂集**,记作 $P(X)$。

定义 1.1.4 给定集合 X,称 X 中的元素个数为集合 X 的**基数**,记为 $|X|$。若 $|X| = n$,称 X 为一个 n-集合。

若 X 为一个 n-集合,则显然 $|P(X)| = 2^n$。

定义 1.1.5 设 A 和 B 是两个集合,集合
$$\{x \mid x \in A \text{ 或 } x \in B\}$$
称为集合 A 与 B 的并集或并,记作 $A \cup B$。集合
$$\{x \mid x \in A \text{ 并且 } x \in B\}$$
称为集合 A 与 B 的交集或交,记作 $A \cap B$。

若 $A \cap B = \varnothing$,则称 A 与 B 不相交。反之,若 $A \cap B \neq \varnothing$,则称 A 与 B 有非空交。

定义 1.1.6 集合

$$\{x \mid x \in A \text{ 并且 } x \notin B\}$$

称为集合 A 与 B 的差集,记作 $A-B$ 或 $A \backslash B$。

定理 1.1.1 设 A, B, C 都是集合,则以下等式成立:

(1) $A \cup A = A, A \cap A = A$;

(2) (交换律) $A \cup B = B \cup A, A \cap B = B \cap A$;

(3) (结合律) $(A \cup B) \cup C = A \cup (B \cup C), (A \cap B) \cap C => \cap (B \cap C)$;

(4) (分配律) $(A \cap B) \cup C = (A \cup C) \cap (B \cup C), (A \cup B) \cap C = (A \cap C) \cup (B \cap C)$;

(5) (De Morgan 律) $A - (B \cup C) = (A-B) \cap (A-C), A - (B \cap C) = (A-B) \cup (A-C)$。

1.2 集合上的关系

设 X, Y 是任意两个集合。任取 $x \in X, y \in Y$,给定顺序的元素对 (x, y) 称为一个有序对。这时两个有序对 $(x_1, y_1) = (x_2, y_2)$ 当且仅当 $x_1 = x_2, y_1 = y_2$。全体有序对的集合

$$X \times Y = \{(x, y) \mid x \in X, y \in Y\}$$

称为两个集合 X 和 Y 的笛卡儿积(Cartesion 积)。

当 $|X| = m, |Y| = n$ 时,显然有 $|X \times Y| = m \times n$。

一个从 X 到 Y 的**关系** R,记为 $R: X \to Y$,定义为 $X \times Y$ 的一个子集。若 $|X| = m$,$|Y| = n$,则从 X 到 Y 的关系有 2^{mn} 个。

关系 R 的定义域为 $\{x \in X \mid$ 存在 $y \in Y$ 使得 $(x, y) \in R\}$,值域为 $\{y \in Y \mid$ 存在 $x \in X$,使得 $(x, y) \in R\}$。若 $(x, y) \in R$,则称 x 与 y 有关系 R。对于 $x \in X, x$ 的像为 $R(x) = \{y \in Y \mid (x, y) \in R\}$,故 R 的值域为 $\bigcup_{x \in X} R(x)$。对于 $y \in Y, y$ 的原像为 $R^{-1}(y) = \{x \in X \mid (x, y) \in R\}$. R 的反关系 $R^{-1}: Y \to X$ 定义为 $R^{-1} = \{(y, x) \mid (x, y) \in R\}$。

例如,实数集合 $\mathbf{R}$ 中的小于顺序"$<$"是 R 上的一个二元关系,空间两直线平行或者不平行也是一个关系。

设 R 是 X 上的一个关系,即一个 X 到 X 的关系,称 R 是自反的,若对任意 $x \in X$,$(x, x) \in \mathbf{R}$;R 是对称的,对 $x, y \in X$,若 $(x, y) \in \mathbf{R}$,则 $(y, x) \in \mathbf{R}$;R 是反对称的,若对 $(x, y) \in \mathbf{R}, (y, x) \in \mathbf{R}$,则有 $x = y$;R 是传递的,对 $x, y, z \in X$,若 $(x, y) \in \mathbf{R}, (y, z) \in \mathbf{R}$,则 $(x, z) \in \mathbf{R}$。

定义 1.2.1 设 R 是集合 X 上的一个关系,若 R 是自反的、对称的和传递的,则称 R 是定义在 X 上的一个等价关系。此时,若 $(x, y) \in \mathbf{R}$,则称 x 等价于 y,记作 $x \sim y$。

显然,"平行"是一个等价关系,"小于关系"则不是等价关系。设 R 为一等价关系,对任意 $x \in X$,则 x 的像 $[x] = \{y \in X \mid (x, y) \in \mathbf{R}\}$ 称为包含元素 x 的等价类。由于 $a \sim a$,有 $a \in \bar{a}$。任意元素 $a' \in \bar{a}$ 都称为类 $\bar{a}$ 的**代表元**。

定义 1.2.2 若 X 的非空子集的集合 $P = \{X_1, \cdots, X_k\}$ 满足 $X = \bigcup_{i=1}^{k} X_i$,且 $X_i \cap X_j =$

$\varnothing,i\neq j$,则称 P 是集合 X 的一个**划分**。

非空集合 S 的任一等价关系 $\sim$ 确定 S 的一个划分,这是因为 $a\in\bar{a}$,所以 $S=\bigcup_{a\in S}\bar{a}$。若 $\bar{a}\bigcap\bar{b}\neq\varnothing$ 且 $s\in\bar{a}\bigcap\bar{b}$,则 $s\in\bar{a},s\in\bar{b}$,于是 $a\sim b,\bar{a}=\bar{b}$,即不同的等价类互不相交,因此所有的等价类构成集合 S 的一个划分。

反之,集合 S 的一个划分 $\{S_\lambda\}$ 确定一个等价关系如下:规定 $a\sim b\Leftrightarrow a,b$ 属于同一个 S_λ。

定义 1.2.3　设 f 是从 X 到 Y 的一个关系,若 f 满足 $|f(x)|=1,\forall x\in X$,则称 f 是从 X 到 Y 的一个**映射**。对于函数 f,若对 $x_1\neq x_2\in X$ 有 $f(x_1)\neq f(x_2)$,则称 f 为**单射**,若对于任意 $Y\in Y$ 都有 $f^{-1}(y)\neq\varnothing$,则称 f 为**满射**。

X 到 X 的映射也称为 X 上的一个变换。两个映射相等 $F=G$,是指它们有相同的定义域和值域且 $\forall x\in X,F(x)=G(x)$。

定义 1.2.4　将每个元素 $x\in X$ 映到自身的映射 $i_x:X\to X$ 称为单位映射或恒等映射。

定义 1.2.5　设 $f:X\to Y,g:Y\to X$ 是两个映射,则合成映射 fg 和 gf 是确定的。如果 $fg=i_Y$,那么 f 称为 g 的**左逆**,g 称为 f 的**右逆**。如果 $fg=e_Y,gf=i_X$,则称 g 为 f 的一个逆,记作 f^{-1}。

映射有下面的一些属性,读者可自行检验。

性质 1.2.1

(1) f 有左逆当且仅当 f 是单射;

(2) f 有右逆当且仅当 f 是满射;

(3) f 有左逆 g,同时又有右逆 h,则 $g=h$;

(4) f 有逆当且仅当 f 是一个一一映射;

(5) 若 f 有逆,则 f 的逆 f^{-1} 是唯一的,且 $(f^{-1})^{-1}=f$。

若 $|X|=m,|Y|=n$,则从 X 到 Y 的映射有 n^m 个。对于映射 f,若 f^{-1} 也是映射,则称 f 为**双射**。显然 f 为双射当且仅当 f 既为单射又为满射。

定理 1.2.1　设 X,Y 为两个基数相同的有限集,f 为 X 到 Y 的一个映射,则 f 为单射当且仅当 f 为满射。

定义 1.2.6　设 X,Y 是两个集合,A 是 X 的一个子集。映射 $f:X\to Y$ 和 $g:A\to Y$ 如果满足条件 $g\subset f$,即对于任意的 $a\in A$ 有 $f(a)=g(a)$,则称 g 是 f 的限制,也称 f 是 g 的一个扩张,记作 $g=f|_A$。

定义 1.2.7　设 $X_1,\cdots,X_n$ 是 $n\geq 1$ 个集合,$1\leq i\leq n$。从笛卡儿积 $X=X_1\times X_2\times\cdots\times X_n$ 到它的第 i 个坐标集 X_i 的投射 $P_i:X\to X_i$ 定义为对每一个 $x=(x_i,x_2,\cdots,x_n)\in X$,$p_i(x)=x_i$。

一个集合的等价关系能产生新的集合。由等价关系与划分之间的一一对应,对应于等价关系 $\sim$ 的划分通常记作 $S/\sim$,称为 S 关于 $\sim$ 的商集。集合 S 到商集 $\sim$ 存在一个自然映射(或典范投影):

$$p: x \to \bar{x}, x \in S$$

它是一个满射，并且 $p(a) = p(b)$ 当且仅当 $a \sim b$。

设 X, Y 是两个集合，且 $f: X \to Y$ 是一个映射。二元关系 R_f 定义为

$$\forall x_1, x_2 \in X, x_1 R_f x_2 \Leftrightarrow f(x_1) = f(x_2)$$

可检验 R_f 是 X 上的一个等价关系。对任意的 $x \in X, \bar{x} = \{x' \mid f(x') = f(x)\}$。规定 $\overline{f}(\bar{x}) = f(x)$，则映射 $f: X \to Y$ 诱导一个映射 $\overline{f}: X/R_f \to Y$。映射 $\overline{f}$ 由 $\overline{f} p(x) = f(x)$ 确定，其中 p 是上面的自然映射。

1.3 偏序集合

定义 1.3.1 设 X 是一个非空集合，P 是定义在 X 上的具有自反性、反对称性及传递性的二元关系。则称 $\boldsymbol{P} = (X, P)$ 为一个**偏序集**（poset）。有时在不引起混淆的情况下，也直接称 X 是一个偏序集。符合上述性质的关系称为**偏序关系**。

通常用 $x \leqslant y$ 来描述 X 中的元素 x, y 满足偏序集 (X, P) 中 P 所规定的关系，即 $(x, y) \in P$ 记为 $x \leqslant y$，这样偏序集 (X, P) 也可写成 $(X, \leqslant)$。根据"$\leqslant$"，自然地定义 X 上二元关系"$<$"：$x < y$ 表示 $x \leqslant y$ 且 $x \neq y$。

例 1.3.1 设 $\mathbf{Z}^+$ 为全体正整数组成的集合。对于 $a, b \in \mathbf{Z}^+$，规定 $a \leqslant b$ 当且仅当 $a \mid b$，则易验证 $\mathbf{Z}^+$ 成为一个偏序集。

例 1.3.2 设 S 是一个集合，$P(S)$ 为 S 的幂集，对于 $A, B \in P(S)$，规定 $A \leqslant B$ 当且仅当 $A \subseteq B$，则易验证 $P(S)$ 成为一个偏序集。当 S 是无限集时，令 $P_f(S)$ 表示 S 所有有限子集组成的集合，对于 $A, B \in P_f(S)$，仍如上规定 $A \leqslant B$，则 $P_f(S)$ 也成为一个偏序集。

例 1.3.3 设 V 是域 F 上的一个线性空间，$L(V)$ 为 V 的所有子空间所组成的集合，对于 $U, W \in L(V)$，规定 $U \leqslant W$ 当且仅当 $U \subseteq W$，则易验证 $L(V)$ 成为一个偏序集。当 V 的维数无限时，令 $L_f(V)$ 表示由 V 的所有有限维子空间所组成的集合，对于 $U, W \in L_f(V)$，仍如上规定 $U \leqslant W$，则易见 $L_f(V)$ 也是一个偏序集。

定义 1.3.2 偏序集的**极小元**是一个元素 a，使得没有异于 a 的元素 x 满足 $x \leqslant a$，即若有 $x \leqslant a, x \in X$，则必有 $x = a$。类似地，一个**极大元**是一个元素 b，使得没有异于 b 的元素 y 满足 $b \leqslant y$。

设 A 为偏序集合 S 的一个子集，元素 $a \in S$ 称为 A 的一个下界，如果对于所有的 $a \in A$ 都有 $s \leqslant a$。类似的，元素 $a \in S$ 称为 A 的一个上界，如果对于所有的 $a \in A$ 都有 $a \leqslant s$。如果 A 有一个下界 s 且 $s \in A$，则 s 称为 A 的一个最小元素。如果 A 有一个上界 s 且 $s \in A$，则 s 称为 A 的一个最大元素。注意集合 A 可以没有下界或者有多个下界，同样的，A 可以没有最小（大）元素。但若 A 有最小（大）元素，则它是唯一的。

下面我们叙述两个重要的等价原理：极大原理和 Zorn 引理。

极大原理 设 T 为由集合 S 的若干子集组成的非空集合，T 按包含关系成一个偏序

集合。如果 T 的每个链都有上界,则 T 有一个极大元素。

Zorn 引理 若一个偏序集 S 的每个链都有上界,则 S 有一个极大元素。

极大原理和 Zorn 引理有广泛的应用,它可以简化很多证明,也可以证明一些其他方法不能证明的结果。例如,我们可以证明平面上的任何有界区域 D 内皆有极大的开圆盘,证法如下:令 S 为 D 内所有开圆盘构成的集合,按照包含关系构成一个偏序集合。由于 D 内至少有一个开圆盘,所以 S 是非空的。如果一些开圆盘构成的集合 $\{D_i | i \in I\}$ 成为一个链,则 $\bigcup_{i \in I} D_i$ 也是 D 的一个开圆盘,且是此链的一个上界。于是根据 Zorn 引理,有界区域 D 内必有极大的开圆盘。

1.4 排列与组合

这一节我们介绍组合计数的最基本概念,主要取材于参考文献[9]。处理计数问题最基础的原理是加法原理和乘法原理,两者分别对应不同的情形和独立的步骤,是最为基本的想法。

定理 1.4.1 (加法原理)设 $S_1, \cdots, S_m$ 是集合 X 的一个划分,则
$$|X| = |S_1| + \cdots + |S_m|$$
若完成一件事情有 m 个方案,第 $i(i=1, \cdots, m)$ 个方案有 n_i 种方法可以实现,那么完成这件事情共有 $n_1 + \cdots + n_m$ 种方法。

定理 1.4.2 (乘法原理)设 $S_1, \cdots, S_m$ 是 m 个有限集,则
$$|S_1 \times S_2 \times \cdots \times S_m| = |S_1| \cdot |S_2| \cdots |S_m|$$
若完成一件事情需要 m 个步骤,第 $i(i=1, \cdots, m)$ 个步骤有 n_i 种方法可以实现,如果每个步骤中方法的选取均与前面的步骤无关,那么完成这件事情共有 $n_1 \cdot n_2 \cdots n_m$ 种方法。

排列(permutation)与组合(combination)是计数理论中最基本的概念。把集合 $\{a_1, a_2, \cdots, a_n\}$ 中的 n 个元素排成一排,有 $n(n-1) \cdots 2 \cdot 1$ 种不同的排法,即 $n!$。每一个这样的排列称为一个 n-排列。而利用此集合中 r 个元素排成的一排,称为这 n 个元素的一个 r-排列. n 个不同元素的 r-排列的个数为 $n(n-1) \cdots (n-(r-1)) = \dfrac{n!}{(n-r)!}$。以上结果可以看作是应用了乘法原理。

集合 $\{a_1, a_2, \cdots, a_n\}$ 中的元素通常默认为互异的。如果排列中允许有相同的元素,例如,把 3 个 A,2 个 B,4 个 C 和 1 个 D 这 10 个字母排成一排,有多少种不同的排法(即有多少个不同的长为 10 的字)?如果把这 10 个字母都看成是不同的,即 3 个 A 看成 A_1,A_2, A_3 等,则有 10! 个字,但这时这 3 个 A 的任一种排列都得到同一个字,其他的字母也是这样,所以最后的答案为 $\dfrac{10!}{3! \ 2! \ 4! \ 1!}$。这种排列称为**有重复元素的排列**。

类似地,由 r 个 C 及 $n-r$ 个 R 可构成 $\dfrac{n!}{r! \ (n-r)!}$ 个长为 n 的字。如果用 C 表示

"选取",用 R 表示"拒绝",则上面的问题可改成:"从 n 个不同的物体中选取 r 个的选法数是多少?"每一个这样的选取称为这 n 个元素的一个 r-组合。注意到每一个(无序的)r-组合对应着 $r!$ 个(有序的)r-排列(r-组合有时候也称为 r 个元素的"无序排列"),所以 n 个元素的 r-组合数等于 $\dfrac{n!}{r!\,(n-r)!}$,记为 $\dbinom{n}{r}$(读作"n 选取 r")。因此,一个 n-集合的所有 r-子集个数为 $\dbinom{n}{r}=\dfrac{n!}{r!\,(n-r)!}$。

现在,有重复元素的排列又可以看作是多重组合。一般地,将 r_1 个 a_1,r_2 个 a_2,$\cdots$,r_k 个 $a_k(r_1+\cdots+r_k=n)$ 排成一排。这相当于在 n 个位置中选取出 r_1 个位置留给 a_1,再从剩下的 $n-r_1$ 个位置中选取出 r_2 个位置留给 a_2,$\cdots$,最后的 r_k 个位置留给 a_k。因此,总的排法数为

$$\binom{n}{r_1}\binom{n-r_1}{r_2}\binom{n-r_1-r_2}{r_3}\cdots\binom{n-r_1-\cdots-r_{k-1}}{r_k}$$

$$=\frac{n!}{r_1!\,(n-r_1)!}\,\frac{(n-r_1)!}{r_2!\,(n-r_1-r_2)!}\cdots\frac{(n-r_1-\cdots-r_{k-1})!}{r_k!\,0!}$$

$$=\frac{n!}{r_1!\,r_2!\,\cdots r_k!}$$

称以上的取法数为**多重选取数**或**多重组合数**。

通过以上的讨论,可总结出关于排列、组合(即选取)和多重选取(即多重组合,或有重复元素的排列)的计数公式。

定义 1.4.1 (排列)排列数即 $P(n,r)=n(n-1)\cdot(n-r-1)=\dfrac{n!}{(n-r)!}$,其计数的是在 n 个元素中取出 r 个排成一排的方法数。

定义 1.4.2 (组合或选取)组合数,或称为选取数,即 $C(n,r)=P(n,r)/r!=\dfrac{n!}{(n-r)!\,r!}=\dbinom{n}{r}$,读作"$n$ 选取 r",其计数的是从 n 个元素中选取 r 个的方法数。

一般地,如果 $n<r$,则默认 $P(n,r)=C(n,r)=0$。事实上,这样的排列或组合原本就不存在。

定义 1.4.3 (有重复元素的排列或多重选取)关于参数为 $n,r_1,\cdots,r_k$ 的多重选取数即 $\dbinom{n}{r_1,r_2,\cdots,r_k}=\dfrac{n!}{r_1!\,r_2!\,\cdots r_k!}$,其中要求 $n=\sum_{i=1}^{k}r_i$。

显然,参数为 n,r_1,r_2 的多重选取数即 $\dbinom{n}{r_1,r_2}=\dbinom{n}{r_1}=C(n,r_1)$。

从 n 个不同元素中取出 r 个元素排成一个圆环,称为"环排列"。按某种固定的顺序

（如逆时针）看去,完全相同者被认为是同一个环排列（但 $a-b-c-a$ 和 $a-c-b-a$ 则被认为是不同的）。对固定的 n 个元素,取其中 r 个进行环排列,每一个环排列均对应 r 种不同的"直线排列",且不同环排列展成的直线排列彼此也必不相同。注意到把全部环排列展开所得的直线排列,恰好就是全部的直线排列,因此可得到从 n 个元素中取出 r 个元素组成的环排列个数为 $\dfrac{n!}{(n-r)!} \cdot \dfrac{1}{r}$。特别地,将 n 个元素全部取出的环排列个数为

$$\frac{n!}{n} = (n-1)!。$$

定义 1.4.4　（环排列）从 n 个不同元素中取出 r 个排成一个圆环的方法数是

$$\frac{n!}{(n-r)!} \cdot \frac{1}{r}。$$

例 1.4.1　8 对夫妇坐成一排,每对夫妇要坐在一起,有多少种不同坐法?若在圆桌旁就坐,有多少种不同坐法?

解:8 对夫妇排成一排（不考虑每对夫妇如何坐）有 8! 种安排,而每对夫妇有 2! ＝2 种坐法,所以答案为 $2^8 \cdot 8!$。若这 8 对夫妇坐在一个圆桌旁,此时这 8 对夫妇排成一个圆排列有 7! 种方法,每对夫妇仍有 2! ＝2 种坐法,答案为 $2^8 \cdot 7!$。

例 1.4.2　4 个 C 和 8 个 R 的排列中没有两个 C 是相邻的,有多少种这样的排列?

解:先把这 8 个 R 排成一排,这只有一种方式。然后再把 4 个 C 插入这些 R 的前后及中间这 9 个位置中。注意条件要求任意两个 C 不能相邻,即等价于这 9 个位置中每个位置最多插入一个 C。从而答案就是从 9 个位置中选出 4 个位置插入 C 的方法数,即 $\dbinom{9}{4}$。

在某些已排好物体的前后及中间位置上再加入其他物体,这种方法称为"插空法",是一种简单而重要的计数方法。

例 1.4.3　把集合 $\{1,2,\cdots,n\}$ 划分成 b_1 个 1 元集,b_2 个 2 元集,$\cdots$,b_k 个 k 元集,其中 $\sum_{i=1}^{k} ib_i = n$,这样的分法有多少种?

解:n 个元素的全排列有 $n!$ 种。而对于每个划分,其中 b_i 个 i 元集是没有顺序的,且划分中每个集合的元素也是没有顺序的,因此每个划分对应 $b_1! \, b_2! \cdots b_k! \, (1!)^{b_1} (2!)^{b_2} \cdots (k!)^{b_k}$ 个不同的 n-排列。所以答案为

$$\frac{n!}{b_1! \, b_2! \cdots b_k! \, (1!)^{b_1} (2!)^{b_2} \cdots (k!)^{b_k}}$$

或者从多重选取数出发,再考虑到划分得到的 i 元集彼此之间是没有顺序的,则有

$$\frac{\left(\begin{array}{c} n \\ 1,\cdots,1,2,\cdots,2,\cdots,k,\cdots,k \end{array}\right)}{b_1! \, b_2! \cdots b_k!}$$

种分法,这和上面的答案一样。(以上多重选取公式中的 i 有 b_i 个,$1 \leqslant i \leqslant k$。)

注:进一步,一个 n 元集的全体划分数为

$$\sum_{b_1+2b_2+\cdots+nb_n=n} \frac{n!}{b_1! b_2! \cdots b_n! (1!)^{b_1} (2!)^{b_2} \cdots (n!)^{b_n}}$$

例 1.4.4 用 p_n 表示随机选取的 n 个人中至少有 2 人生日相同的概率(不考虑闰年的情况),则 n 最小为多少可使得 $p_n > \dfrac{1}{2}$?

解: 容易计算 n 个人中任 2 人生日都不相同的概率为

$$\frac{365 \times 364 \times \cdots \times (365-n+1)}{365^n}$$

故

$$p_n = 1 - \frac{365!}{(365-n)! \ 365^n}$$

利用 Stirling 公式 $n! \approx n^n e^{-n} \sqrt{2\pi n}$,有

$$p_n \approx 1 - \left(\frac{365}{365-n}\right)^{365.5-n} e^{-n}$$

计算可知,最小的满足条件的 n 是 23。同样可以得到,若 $n \geqslant 41$,则 $p_n \geqslant 0.9$。

如果允许重复,那么从 n 个不同物体中选取 r 个物体排成一排的方法数当然是 n^r。那么组合数是多少?也就是说,如果 n 个不同物体中的每一个都可以被重复选取任意多次,那么选取一个基数是 r 的多重集有多少种方法?设第 i 个物体被选取了 x_i 次,则此问题等价于求方程

$$x_1 + x_2 + \cdots x_n = r$$

的非负整数解的个数。这又等价于求包含 r 个"|"和 $n-1$ 个"+"的序列个数(例如,$|||+$ $+||+||$ 就表示方程 $x_1 + x_2 + x_3 + x_4 = 7$ 的一个非负整数解 $(3,0,2,2)$),所以答案是 $\dbinom{r+n-1}{r}$。

定理 1.4.3 令 S 为具有 n 种类型元素的一个多重集,每种元素均可以被重复选取任意多次,则 S 的 r-组合数为

$$\binom{r+n-1}{r}$$

例 1.4.5 一家面包房生产 8 种面包。如果将一打面包装进盒内,则一共可能有多少种不同的盒装组合?若每盒必定包含所有的 8 种呢?

解: 由上述定理,所求结果依次为

$$\binom{12+8-1}{12} = \binom{19}{12}$$

及

$$\binom{4+8-1}{4} = \binom{11}{4}$$

例 1.4.6 方程 $x_1+x_2+x_3+x_4=20$ 满足 $x_1\geqslant 3, x_2\geqslant 1, x_3\geqslant -1, x_4\geqslant 0$ 的整数解有多少个?

解: 令 $y_1=x_1-3, y_2=x_2-1, y_3=x_3+1, y_4=x_4$,则问题等价于求方程 $y_1+y_2+y_3+y_4=17$ 的非负整数解的个数,故所求解的个数为

$$\binom{17+4-1}{17} = \binom{20}{17}$$

按照前面的约定,关于组合数 $\binom{n}{k}$,有

$$\binom{n}{k} = \begin{cases} \dfrac{n!}{k!\ (n-k)!}, & n\geqslant k, \\ 0, & n<k. \end{cases}$$

定理 1.4.4 (二项式定理)设 n 为正整数,则

$$(x+y)^n = \sum_{k=0}^{n} \binom{n}{k} x^k y^{n-k}$$

二项式定理的证明有很多种,可以用归纳法,也可以考虑基本的组合意义,这里就略过了。

今后,组合数 $\binom{n}{k}$ 也称为二项式系数。以下性质都是二项式定理显而易见的推论。

性质 1.4.1 设 $n\geqslant k\geqslant 0$,则

$$\binom{n}{k} = \binom{n}{n-k}$$

性质 1.4.2 设 $n\geqslant 0$,则

$$2^n = \sum_{k=0}^{n} \binom{n}{k}$$

性质 1.4.3 设 $n\geqslant 1$,则

$$0 = \sum_{k=0}^{n} (-1)^k \binom{n}{k}$$

推论 1.4.1 设 $n\geqslant 1$,则

$$\sum_{k\text{为奇数}}\binom{n}{k} = \sum_{k\text{为偶数}}\binom{n}{k}$$

下面给出推论 1.4.1 的一个组合证明。

证明 设

$$X=\{1,2,\cdots,n\}$$
$$A=\{S\subseteq X \mid |S|\text{为偶数且}1\in S\}$$
$$B=\{S\subseteq X \mid |S|\text{为奇数且}1\in S\}$$
$$C=\{S\subseteq X \mid |S|\text{为偶数且}1\notin S\}$$
$$D=\{S\subseteq X \mid |S|\text{为奇数且}1\notin S\}$$

构造映射 $f:A\to D$ 为 $f(S)=S,\{1\}$，显然 f 为双射，所以 $|A|=|D|$，类似地 $|B|=|C|$，因此

$$\sum_{k\text{为奇数}}\binom{n}{k} = |B|+|D| = |A|+|C| = \sum_{k\text{为偶数}}\binom{n}{k}$$

定理 1.4.5 （多项式定理）设 n 为正整数，则

$$(x_1+x_2+\cdots+x_k)^n = \sum_{n_1+n_2+\cdots+n_k=n}\binom{n}{n_1,n_2,\cdots,n_k}x_1^{n_1}x_2^{n_2}\cdots x_k^{n_k}$$

其中，

$$\binom{n}{n_1,n_2,\cdots,n_k}=\frac{n!}{n_1!\ n_2!\ \cdots n_k!}$$

即多重选取数，今后也称为多项式系数。

证明：只须考虑 $x_1^{n_1}x_2^{n_2}\cdots x_k^{n_k}$ 在 $(x_1+x_2+\cdots+x_k)^n$ 展开式中的系数，并应用多重选取的定义。

例 1.4.7 确定 $(x_1+x_2+\cdots+x_5)^{10}$ 的展开式中 $x_1^3 x_2 x_3^4 x_5^2$ 的系数。

解：根据多项式定理知，所求系数应为

$$\binom{10}{3,1,4,0,2}=\frac{10!}{3!\ 4!\ 2!}=12\ 600$$

容斥原理又称筛法，是一个古老而简便的工具。它是利用集合之间的交、并运算来对集合内元素计数的方法。例如，假设 A 和 B 是两个有限集合，我们熟知

$$|A\cup B|=|A|+|B|-|A\cap B|$$

例 1.4.8 某班有 100 人，其中会打篮球的有 45 人，会打乒乓球的有 53 人，会打排球的有 55 人；既会打篮球也会打乒乓球的有 28 人，既会打篮球也会打排球的有 32 人，既会打乒乓球也会打排球的有 35 人；三种球都会打的有 20 人。问三种球都不会打的有多少人？

解：设 $E_1=\{$此班会打篮球的人$\}$，$E_2=\{$此班会打乒乓球的人$\}$，$E_3=\{$此班会打排球

的人}，则由条件知：$|E_1|=45$，$|E_2|=53$，$|E_3|=55$；$|E_1 \bigcap E_2|=28$，$|E_1 \bigcap E_3|=32$，$|E_2 \bigcap E_3|=35$；$|E_1 \bigcap E_2 \bigcap E_3|=20$。

可如下算出三种球都不会打的人数。先从总人数中减掉会打三种球中某一种的人数；此时会打两种球的人被减掉了两次，为得到所求，应加上他们；第二步中会打三种球的人被加了三次，从而应再减一次。易知这样所得结果确是所求，即结果为

$$100-|E_1|-|E_2|-|E_3|+|E_1 \bigcap E_2|+|E_1 \bigcap E_3|+|E_2 \bigcap E_3|-|E_1 \bigcap E_2 \bigcap E_3|$$
$$=100-45-53-55+28+32+35-20=22$$

所以三种球都不会打的有 22 人。

对于此类问题，可借助文氏图（Venn Diagram）来获得直观的解答，也可以选择集合的角度，本题中根据条件得到了 7 个关于集合的等式后，可设只会打某一种球、只会打某两种球、三种球都会打的人数为 7 个未知量，由上述等式列出 7 个线性方程，通过解这个线性方程组求得各部分的人数。但这种方法不具备一般性，无法引出容斥原理的思想。

例 1.4.9 求 1 到 500 中不能被 2 和 3 整除的整数个数。

解：这是熟知的初等问题。答案是

$$500-\left\lfloor \frac{500}{2} \right\rfloor-\left\lfloor \frac{500}{3} \right\rfloor+\left\lfloor \frac{500}{6} \right\rfloor=167$$

定理 1.4.6 （经典的容斥原理）设 S 为一有限集，$P=\{P_i,\cdots,P_m\}$ 为一族性质。对 $\{1,\cdots,m\}$ 的任一子集 I，令 X_I 表示 S 中满足性质 P_i（对所有 $i \in I$）的那些元素构成的集合。特别地，$I=\{i\}$ 时，简记 $X_{(i)}$ 为 X_i。记 $\overline{X_I}=S \setminus X_I$。则集合 S 中不具有 P 中任何一种性质的元素个数由下式给出：

$$|\overline{X_1} \bigcap \overline{X_2} \bigcap \cdots \bigcap \overline{X_m}|=|S|-\sum_i |X_i|+\sum_{i<j}|X_i \bigcap X_j|-\sum_{i<j<k}|X_i \bigcap X_j \bigcap X_k|$$
$$+\cdots+(-1)^m|X_1 \bigcap X_2 \bigcap \cdots \bigcap X_m|$$
$$=\sum_{I \subseteq [m]}(-1)^{|I|}|X_I| \qquad\qquad (*)$$

证明：对任意 $x \in S$，记集合 $[m]=\{1,\cdots,m\}$，$J_x=\{i \in [m] \mid x=X_i\}$。按 J_x 是否为空集讨论：

(i) $J_x=\varnothing$，即 x 不在任意一个 X_i 中。此时 x 对 $(*)$ 式左端的贡献为 1；对于右端，x 仅对 $|S|$ 贡献 1，对其余和式贡献为 0，从而 x 对右端贡献也为 1。故 $(*)$ 式成立。

(ii) $J_x \neq \varnothing$，即 x 在某些 X_i 中。设 $j=|J_x|$，则 $j>0$。此时 x 对 $(*)$ 式左端的贡献为 0；对于右端，注意 $x \in X_I$ 等价于 $I \subseteq J_x$，从而 x 对 $(*)$ 式右端的贡献为

$$\sum_{I \subseteq J_x}(-1)^{|I|}=\sum_{i=0}^{j}(-1)^i \binom{j}{i}=(1-1)^j=0$$

故 $(*)$ 式成立。

综合 (i) 和 (ii)，定理成立。

容斥原理是一个很有用的计数原则，它的另一表述为，设 S 是一个 n 元集，E_1，

$E_2, \cdots, E_m$ 是 S 的子集(不一定互不相同),对任意 $M \subseteq [m]$ 及 $0 \leqslant j \leqslant m$,定义 $n(M) = |\bigcap_{i \in M} E_i|$,$n_j = \sum_{|M|=j} n(M)$。则 S 中不在每个 E_i,$1 \leqslant i \leqslant m$,中的元素个数为 $n - n_1 + n_2 - n_3 + \cdots + (-1)^m n_m$。

下面在给出两种常见的公式。

推论 1.4.2 设 $A_1, \cdots, A_n$ 是有限集合,则

$$|A_1 \cup A_2 \cup \cdots \cup A_n| = \sum_{i=1}^{n} |A_i| - \sum_{i=1}^{n} \sum_{j>i} |A_i \cap A_j|$$
$$+ \sum_{i=1}^{n} \sum_{j>i} \sum_{k>j} |A_i \cap A_j \cap A_k| - \cdots + (-1)^{n-1} |A_1 \cap A_1 \cap \cdots \cap A_k|$$

推论 1.4.3 设 $A_1 \subset U, \cdots, A_n \subset U$ 是有限集合,全集 $|U| = N$,则

$$|\bar{A}_1 \cap \bar{A}_2 \cap \cdots \cap \bar{A}_n| = |\overline{A_1 \cup A_2 \cup \cdots \cup A_n}| = N - |A_1 \cup A_2 \cup \cdots \cup A_n|$$
$$= N - \sum_{i=1}^{n} |A_i| + \sum_{i=1}^{n} \sum_{j>i} |A_i \cap A_j|$$
$$- \sum_{i=1}^{n} \sum_{j>i} \sum_{k>j} |A_i \cap A_j \cap A_k| + \cdots + (-1)^{n-1} |A_1 \cap A_1 \cap \cdots \cap A_k|$$

习 题

1. 设 $A_1, \cdots, A_n$ 都是集合,其中 n 为正整数,证明

(1) 分配律

$$B \cap (\bigcup_{i=1}^{n} A_i) = \bigcup_{i=1}^{n} (B \cap A_i)$$
$$B \cup (\bigcap_{i=1}^{n} A_i) = \bigcap_{i=1}^{n} (B \cup A_i)$$

(2) De Morgan 律

$$B - (\bigcup_{i=1}^{n} A_i) = \bigcap_{i=1}^{n} (B - A_i)$$
$$B - (\bigcap_{i=1}^{n} A_i) = \bigcup_{i=1}^{n} (B - A_i)$$

2. 举出满足自反、对称、传递三性质中的两条而不满足其余一条的关系的例子。

3. 实数集合 $\mathbf{R}$ 中的一个关系 R 定义为

$$R = \{(x, y) \in \mathbf{R}^2 \mid x - y \in \mathbf{Z}\}$$

证明 R 是一个等价关系。

4. 设 X, Y 是两个集合,$f: X \to Y$。如果 $A, B \subset Y$,则

(1) $f^{-1}(A \cup B) = f^{-1}(A) \cup f^{-1}(B)$;

(2) $f^{-1}(A \cap B) = f^{-1}(A) \cap f^{-1}(B)$;

(3) $f^{-1}(A - B) = f^{-1}(A) - f^{-1}(B)$。

5. 设 X 和 Y 是两个集合，$f: X \to Y, g: Y \to X$，证明：若 $f \circ g = i_Y$，则 g 是一个单射，f 是一个满射。

6. 构造一个从 $[0,1]$ 到 $(0,1)$ 的双射。

7. 设 X 是一个集合，定义 $\triangle: X \to X \times X$ 使得对于任意的 $x \in X$，$\triangle(x) \in (x,x)$。证明 $\triangle$ 是一个单射，且 $p_i \triangle = i_x$，其中 p_i 是 $X \times X$ 的第 i 个投射，$i = 1,2$。

8. 证明：设 $n, m \geq 0$，则

$$\binom{m+n+1}{n+1} = \sum_{i=0}^{m} \binom{n+i}{n}$$

9. （Vandermonde 恒等式）证明：设 $n, m \geq 0$，则

$$\binom{m+n}{k} = \sum_{i=0}^{k} \binom{m}{i} \binom{n}{k-i}$$

10. 证明：$\binom{n+1}{k} = \binom{n}{k} + \binom{n}{k-1}$。

11. 5 位绅士与 7 位女士坐成一排，任二绅士都不相邻的坐法有多少种？这些人坐成一圈，有多少种不同的坐法？

12. 把字符串 MISSISSIPPI 中所含的字母重新进行排列。有多少种排法使得其中至少有 2 个相邻的 I？

13. 至多 m 个 A 和至多 n 个 B 排成一排，有多少种方法（不计空排）？

14. 不等式 $x_1 + x_2 + \cdots x_9 < 2\,016$ 的正整数解有多少个？非负整数解有多少个？

15. 设 n, k 是自然数，证明 $(kn)!$ 可被 $(n!)^k$ 整除。

16. 应用容斥原理的思想方法证明恒等式：

$$\sum_{i=0}^{n} \binom{n}{i}^2 x^i = \sum_{i=0}^{n} \binom{n}{i} \binom{2n-i}{n} (x-1)^i$$

17. 小于或等于 $1\,000$ 的正整数中，有多少个数不含 $2,3,4,5,6,7,8,9,10$ 中的任何一个为因子？

第2章 代数学基础

代数学是数学中一个重要的、基础的分支。初等代数学是更古老的算术的推广和发展,抽象代数学则是在初等代数学的基础上,通过数系概念的推广逐渐发展而形成的。它自18世纪与19世纪之交萌芽、不断成长而于20世纪20年代建立起来的。代数学一般被认为是研究代数结构性质的理论,群、环、域、模是四个基本代数结构。本章主要介绍抽象代数学的群、环、域三个基本代数结构及其简单性质。本章的内容主要参考了文献[3,4,6,8,13]。

2.1 群

2.1.1 群和子群

设 A 是一个非空集合。任意一个由 $A \times A$ 到 A 的映射称为定义在 A 上的一个二元代数运算。例如实数域 $\mathbf{R}$ 上的加法运算就是 R 上的一个二元运算。

定义 2.1.1 设 G 是一个非空集合。如果在 G 上定义了一个代数运算,称为乘法,即对于 G 中的任意两个元素 a 和 b,可以对它们进行乘法运算,运算结果记作 ab,称为它们的积,而且乘法运算适合以下条件,那么 G 称为一个**群**(group):

(1) 对于 G 中的任意元素 a,b,c 有

$$a(bc)=(ab)c \quad （结合律）$$

(2) 在 G 中存在一个元素 e,它对 G 中任意元素 a 有

$$ea=a$$

(3) 对于 G 中任意元素 a 都存在 G 中一个元素 b 使得

$$ba=e$$

在群 G 的定义中,如果对于任意的元素 $a,b\in G$,总有 $ab=ba$(交换律)成立,那么群 G 就称为**交换群或(Abel 群)**,否则称为非交换群。

例 2.1.1 全体非零实数 $\mathbf{R}^*$ 对于通常的乘法成一个交换群。全体整数对于通常的加法成一个交换群。

例 2.1.2 令 $G=\{-1,1\}$,且规定乘法运算。为:$1\circ1=1,1\circ(-1)=-1,(-1)\circ(-1)=1$,则 G 是一个交换群。

例 2.1.3 集合 $\{1,2,\cdots,n\}$ 上的所有 n 次置换在置换的复合运算下构成一个非交换群,这个群称为 n 元对称群,记作 S_n。

例 2.1.4 元素在数域 K 中的全体 $n(n$ 为正整数)阶可逆矩阵对于矩阵的乘法构成一个群,记作 $GL_n(K)$,称为 n 阶一般线性群.$GL_n(K)$ 中全体行列式为 1 的矩阵对于矩阵乘法也构成一个群,称为 n 阶特殊线性群,记作 $SL_n(K)$。显然 $GL_n(K)$ 和 $SL_n(K)$ 都 不是交换群。

定理 2.1.1 设 G 是一个群,那么

(1) 如果 $ba=e$,则 $ab=e$。

(2) 如果对一切 $a\in G$ 有 $ea=a$,那么也有 $ae=a$,对一切的 $a\in G$。

(3) G 中适合条件 $ea=a$,对一切 $a\in G$ 的元素 e 是唯一确定的。

(4) 对任意 $a\in G$,G 中适合条件 $ba=e$ 的元素 b 是由 a 唯一确定的。

证明:

(1) 设 $ba=e$。对于元素 b,存在 $c\in G$ 使得 $cb=e$。于是

$$a=ea=(cb)a=c(ba)=ce$$

用 b 右乘上式两边,得

$$ab=(ce)b=c(eb)=cb=e$$

(2) 设 $b\in G$ 使得 $ba=e$,那么 $ab=e$。于是

$$a=ea=(ab)a=a(ba)=ae$$

(3) 假设有 e 和 e' 具有所说的性质,那么

$$e=ee'=e'$$

(4) 假设有两个元素 b 和 c 使得 $ba=ca=e$,那么 $ab=ca=e$。于是

$$c=ce=c(ab)=(ca)b=eb=b$$

基于上述定理,群 G 中适合条件

$$ea=ae=a,\text{对任意的 } a\in G$$

的唯一元素 e 称为群 G 的单位元素。对于元素 $a\in G$,唯一的具有性质 $ab=ba=e$ 的元素 b 称为 a 的逆元素,记作 a^{-1}。如果运算写成加法时,b 的逆元素通常记作 $-b$,称为 b 的负元素。对于任意的正整数 n,定义

$$a^n=\underbrace{a\cdot a\cdots\cdot a}_{n}$$

再约定 $a^0=e$,$a^{-n}=(a^{-1})^n$。于是对于任意的整数 n,a^n 均有定义。不难证明,对于任意的整数 m,n,任意的 $a\in G$,

$$a^m\cdot a^n=a^{m+n},\quad (a^m)^n=a^{mn}$$

群 G 中的元素个数称为群 G 的阶,记作 $|G|$ 或者 $\acute{e}G$。如果 $|G|$ 是一有限数,即 G 中只含有有限个元素,G 就称为有限群。如果 G 中含有无限个元素,G 就称为无限群。例 2.1.1 中的群是无限群,例 2.1.2～2.1.4 中的群是有限群。

设 G 是群，$a \in G$。如果存在正整数 n 使得 $a^n = e$，则称 a 是有限阶的元素，而最小的使得 $a^n = e$ 的正整数 n 称为元素 a 的阶，记作 $°(a)$ 或者 $|a|$。如果不存在正整数 n 使得 $a^n = e$，则称 a 是无限阶的元素。

性质 2.1.1 设 a 是群 G 中的一个有限阶元素且 $|a| = n$。则

(1) 对于任意的正整数 m，$a^m = e$ 当且仅当 $n \mid m$（$n \mid m$ 表示 n 整除 m）。

(2) 对于任意的正整数 k，有 $|a^k| = \dfrac{n}{(k,n)}$，其中 (k,n) 表示 k 和 n 的最大公因子。

证明：

(1) 如果 $n \mid m$，则存在正整数 k 使得 $m = kn$，于是 $a^m = a^{kn} = (a^n)^k = e^k = e$。下面来证充分性。假设 $a^m = e$，m 除以 n 的商为 q，余数为 r，即 $m = qn + r$，其中 $q \geqslant 0, 0 \leqslant r < n$。那么

$$e = a^m = a^{qn+r} = (a^n)^q \cdot a^r = e \cdot a^r = a^r$$

但是因为 $0 \leqslant r < n$，由元素阶的定义，n 是使得 $a^n = e$ 的最下的正整数，因此 $r = 0$，所以 $m = qn$，即 $n \mid m$。

(2) 设 $|a^k| = s$。令 $n = n_1(k,n)$，$k = k_1(k,n)$，则 $(n_1,k_1) = 1$。由于

$$(a^k)^{n_1} = a^{k_1(k,n)n_1} = a^{k_1 n} = (a^n)^{k_1} = e$$

因此 $s \mid n_1$。又因 $e = (a^k)^s = a^k s$，所以 $n \mid ks$。即 $n_1(k,n) \mid k_1(k,n)s$，所以 $n_1 \mid k_1 s$。由于 $(n_1,k_1) = 1$，所以 $n_1 \mid s$，于是 $s = n_1 = \dfrac{n}{(k,n)}$。

性质 2.1.2 设群 G 中元素 a,b 的阶分别为 n,m。如果 $ab = ba$ 且 $(n,m) = 1$，则 ab 的阶等于 nm。

证明： 因为 $ab = ba$，所以

$$(ab)^{nm} = a^{nm}b^{nm} = (a^n)^m (b^m)^n = e$$

因此 ab 是有限阶元素，设 ab 的阶为 s，则 $s \mid nm$。由于 $(ab)^s = e$，因此

$$e = (ab)^m = a^m b^m = b^m$$

于是可得 $m \mid sn$。又因 $(n,m) = 1$，所以 $m \mid s$。同理可证 $n \mid s$。于是由 $(n,m) = 1$ 可得 $nm \mid s$。综上所述，$s = nm$。

定义 2.1.2 群 G 的非空子集 H 如果对于 G 的运算也成一个群，则称 H 为 G 的**子群**（subgroup），记作 $H < G$。

例如，前述的 $SL_n(K)$ 是 $GL_n(K)$ 的子群。

定理 2.1.2 群 G 的非空子集 H 是一子群的充分必要条件是：由 $a,b \in H$ 推出 $ab^{-1} \in H$。

证明： 必要性是显然的，我们只证充分性。因 H 非空，所以 H 含有一个元素 a，于是

$$aa^{-1} = e \in H$$

由 $e, a \in H$，可得 $ea^{-1} = a^{-1} = a \in H$。由 $a, b \in H$ 知 $b^{-1} \in H$，于是

$$a(b^{-1})^{-1} = ab \in H$$

这表明 H 是一个子群。

设 H 是群 G 的一个子群。定义一个二元关系如下:对于 $a, b \in G$,规定 $a \sim b$ 当且仅当 $b^{-1}a \in H$。可检验这是一个等价关系,它确定群 G 的一个划分. $a \in G$ 确定的等价类为

$$\bar{a} = \{ah \mid h \in H\}$$

对于 G 中任一元素 a,我们称集合

$$\{ah \mid h \in H\}$$

为 H 的一个左陪集,简记为 aH。类似的,由二元关系:对于 $a, b \in G$,规定 $a \sim b$ 当且仅当 $ab^{-1} \in H$ 可定义右陪集为

$$Ha = \{ha \mid h \in H\}$$

显然 $h \mapsto ah$ 是子群 H 到左陪集 aH 的一个一一对应,同样,$h \mapsto ha$ 是子群 H 到右陪集 Ha 的一个一一对应. 因此,H 的任一个左(右)陪集都和 H 有同样多的元素个数。因为所有的左(右)陪集构成群 G 的一个划分,所以两个左(右)陪集或者相等,或者不相交。群 G 中,子群 H 的所有的左(右)陪集组成的集合称为 G 关于 H 的左(右)商集,易知左商集与右商集有相同的基数。群 G 关于子群 H 的左商集(或右商集)的基数称为 H 在 G 中的指数 (index),记作 $[G:H]$。如果群 G 的子群 H 在 G 中的指数为 $[G:H]=r$,则有(为什么?)

$$G = H \cup a_1 H \cup a_2 H \cup \cdots \cup a_{r-1} H$$

其中,$H, a_1 H, a_2 H, \cdots, a_{r-1}H$ 两两不相交,上式称为群 G 关于子群 H 的左陪集分解式. $\{e = a_0, a_1, a_2, \cdots, a_{r-1}\}$ 称为 H 在群 G 中的左陪集代表系。由上述分解式可得

$$|G| = \sum_{i=0}^{r-1} |a_i H| = \sum_{i=0}^{r-1} |H| = |H| r = |H| [G:H]$$

于是有下述重要的 Lagrange 定理。

定理 2.1.3 有限群 G 的任一子群 H 的阶必为群 G 的因子,且有

$$|G| = |H| [G:H]$$

设 S 是群 G 的一个非空子集,群 G 中包含 S 的所有子群的交是 G 的一个子群,称为由 S 生成的子群,记作 $<S>$,此时称 S 是子群 $<S>$ 的生成元集。如果群 G 有一个生成元集是有限集,则称 G 是有限生成的群。如果这个生成元集是 $\{a_1, a_2, \cdots, a_s\}$,则记 $G = <a_1, a_2, \cdots, a_s>$。显然由一个元素 $a \in G$ 生成的子群是 $\{a^m \mid m \in \mathbf{Z}\}$。

设 G 是一个群,如果存在 $a \in G$ 使得 $G = <a>$,则称 G 为**循环群** (cyclic group),a 称为群 G 的生成元。显然,循环群都是 Abel 群。

例 2.1.5 所有的整数在普通加法下构成一个无限循环群。

例 2.1.6 假设 n 是一个正整数,对任意整数 a, b,如果 $n \mid (a-b)$,则称 a 和 b 模 n 同余,记作 $a \equiv b \bmod n$。显然,模 n 的同余关系是整数集合 $\mathbf{Z}$ 上的一个等价关系,将 $\mathbf{Z}$ 划分成 n 个互不相交的等价类 $[0], [1], [2], \cdots, [n-1]$,每个等价类都成为模 n 的剩余类。读者可自行检验,在运算 $[a] + [b] = [a+b]$ 下,集合 $\{[0], [1], [2], \cdots, [n-1]\}$ 构成一个加

法循环群,称为模 n 的剩余类群,记作 Z_n,且 $[1]$ 是 Z_n 的一个生成元。

例 2.1.7 $\mu_n = \{e^{\frac{2k\pi}{n}i} \mid k=0,1,\cdots,n-1\}$,是复数域上的所有 n 次单位根的集合,μ_n 关于复数乘法构成一个 n 阶循环群(为什么?),称为 n 阶单位根群。

定理 2.1.4 循环群的子群仍是循环群。

证明: 设 $G=<a>$ 是一循环群,$H<G$。不妨设 $H\neq\{e\}$。因为 $a^n\in H\Rightarrow a^{-n}\in H$,所以必存在某一正整数 n 使得 $a^n\in H$。设 d 是使得 $a^d\in H$ 的最小的正整数,即 $d=\min\{n\in\mathbf{Z}\mid n>0, a^n\in H\}$。下证 $H=<a^d>$。任给 $h\in H$,存在 $m\in\mathbf{Z}$ 使得 $h=a^m$。设 $m=qd+r, 0\leqslant r<d$,则 $a^m=a^{qd+r}=a^{qd}a^r\in H$,进而 $a^r\in H$。由 d 的选取可知 $r=0$,所以 $H=<a^d>$。

定理 2.1.5 设 $G=<a>$ 是 n 阶循环群。则对于 n 的每一个正因子 s,都存在唯一的一个 s 阶子群,它们就是 G 的全部子群。

证明: 设 s 是 n 的任一正因子,则存在正整数 d 使得 $n=sd$。由于 $|a|=n$,由性质 2.1.1 得

$$|a^d|=\frac{n}{(n,d)}=\frac{n}{d}=s$$

因此 $<a^d>$ 是 G 的一个 s 阶子群。

设 H 是 G 的任一 s 阶子群,则 H 是循环群,设 $H=<a^k>$,于是 $|a^k|=s=\frac{n}{d}=$

$\dfrac{n}{(n,k)}$,因此 $(n,k)=d$。从而存在 $u,v\in\mathbf{Z}$,使得

$$un+vk=d$$

于是

$$a^d=a^{un+vk}=a^{un}a^{vk}=(a^k)^v\in<a^d>$$

从而 $<a^d>\subseteq<a^k>$。又因为它们的阶都是 s,因此 $<a^d>=<a^k>=H$。从而 G 的 s 阶子群是唯一的。

由证明过程可知,若 $(n,k)=d$,则 $<a^k>=<a^d>$。特别的,对 $d=1$,有
$$<a^k>=<a>\Leftrightarrow(n,k)=1$$

从而 n 阶循环群的生成元的个数恰有 $\phi(n)$ 个,其中 $\phi(n)$ 为欧拉函数,即是 $0,1,2,\cdots,n-1$ 中与 n 互素的整数的个数。

性质 2.1.3 设群 G 为有限交换群,则 G 中存在一个元素,它的阶是 G 中所有元素的阶的倍数。

证明: 设 a 是有限交换群 G 中阶最大的元素,a 的阶为 n。假设 G 中有一个元素 b,其阶为 m 且 m 不能整除 n,则存在一个素数 p 使得

$$p^r\mid m \text{ 但 } p^r\nmid n$$

设 $m=up^r, n=vp^s$,其中 $0\leqslant s<r, (v,p)=1$。由于 $|b^u|=\dfrac{m}{(m,u)}=p^r, |a^{p^s}|=$

$$\frac{n}{(n,p^s)}=v, 且 (p,v)=1, ab=ba, 因此由性质 2.1.1 得$$

$$|b^u a^{p^s}|=p^r v > p^s v = n$$

这与 a 是最大阶元矛盾。因此 G 中所有元素的阶都能整除 n。

循环群一定是 Abel 群，但 Abel 群不一定是循环群，下述定理给出有限 Abel 群为循环群的判定条件。

定理 2.1.6 设 G 为有限 Abel 群，则 G 为循环群当且仅当对于任一正整数 m，方程 $x^m=e$ 在 G 中的解的个数不超过 n。

证明：充分性。由性质 2.1.1，G 中存在一个元素 a，它的阶 n 是 G 中所有元素的阶的倍数，从而 G 中每一个元素都是方程 $x^n=e$ 的解。由已知条件 $|G|\leqslant n$。又 $a\in G$，所以 $n\leqslant|G|$，从而 $|G|=n$，于是 $G=<a>$。

必要性。设 $G=<a>$ 为一 n 阶循环群。对任意正整数 m，令

$$H=\{x\in G\,|\,x^m=e\}$$

则 $e\in H$。对任意的 $x,y\in H$，$(xy^{-1})^m=x^m y^{-m}=e$，因此 $xy^{-1}\in H$，从而 $H<G$。因此存在 n 的一个正因子 d，使得 $H=<a^d>$，且 $|H|=\frac{n}{d}$。因为 $a^d\in H$，所以 $(a^d)^m=e$。因为 a^d 的阶等于 $\frac{n}{d}$，所以 $\frac{n}{d}\leqslant m$，即 $|H|\leqslant m$。这证明了方程 $x^m=e$ 在 G 中的解的个数不超过 m。

定义 2.1.3 设 H 是群 G 的子群，如果对于一切的元素 $a\in G$ 有 $aH=Ha$，那么称 H 为正规子群，记作 $H\lhd G$。

设 H 是群 G 的一个子群，对于任意的 $g\in G$，gHg^{-1} 也是 G 的一个子群，称 $gHg^{-1}\{ghg^{-1}\,|\,h\in H\}$ 是 H 的一个**共轭子群**(Conjugate Subgroup)。

定理 2.1.7 设 H 是群 G 的一个子群。则下列条件彼此等价：

(1) $H\lhd G$；

(2) 对于任意的 $a\in G, h\in H$ 有 $aha^{-1}\in H$；

(3) 对于任意的 $g\in G, gHg^{-1}=H$。

证明：(1)$\Rightarrow$(2)：假设 H 是 G 的正规子群，那么对于任意的 $a\in G, h\in H$，存在 $h'\in H$，使得 $ah=h'a$。因此 $aha^{-1}=h'\in H$。

(2)$\Rightarrow$(3)：对于任意的 $g\in G$，因为 $ghg^{-1}\in H$，所以 $gHg^{-1}\subset H$。另外，对于任意的 $h\in H$，因为 $g^{-1}\in G$，所以 $g^{-1}h(g^{-1})^{-1}=g^{-1}hg\in H$，所以存在 $h'\in H$ 使得 $g^{-1}hg=h'$，因此 $h=gh'g^{-1}\in gHg^{-1}$，于是 $H\subset gHg^{-1}$，得 $gHg^{-1}=H$。

(3)$\Rightarrow$(1)：$gHg^{-1}=H$ 时，$gH=Hg$ 是显然的。

设 A,B 是群 G 的两个集合，定义

$$AB\triangleq\{ab\,|\,a\in A, b\in B\}$$

和

$$A^{-1} \triangleq \{a^{-1} \mid a \in A\}$$

定理 2.1.8 设 H 是群 G 的一个子群. H 是正规子群的充分必要条件为任意两个左（右）陪集之积还是一左（右）陪集。

证明: 先证必要性。设 H 是一正规子群，Ha, Hb 是两个右陪集，于是

$$Ha \cdot Hb = H(aH)b = H(Ha)b = Hab$$

再证充分性。设 Ha, Hb 是任意两个右陪集。由条件 $Ha \cdot Hb = Hc$，其中 $c \in G$，得 $ab \in Hc$，于是

$$Ha \cdot Hb = Hc = Hab$$

用 b^{-1} 乘上式两边，得

$$HaH = Ha$$

因为 $e \in H$，所以 $aH \subset HaH$，即

$$aH \subset Ha$$

把 a 换成 a^{-1} 得

$$a^{-1}H \subset Ha^{-1}$$

于是

$$Ha \subset aH$$

综上，$aH = Ha$，H 是正规子群。

上述定理说明，若 H 是群 G 的一个正规子群，则在 H 的右商集（全部不同的右陪集组成的集合）G/H 上可以定义一个乘法运算，即

$$Ha \cdot Hb = Hab$$

因为

$$H \cdot Ha = Ha = Ha \cdot H$$

且

$$Ha^{-1} \cdot Ha = H$$

可知右商集 G/H 在上述运算下构成一个群。

定义 2.1.4 G/H 在陪集乘法下所成的群称为 G 对于正规子群 H 的商群，仍记为 G/H。

设 A 是群 G 的一个非空子集，定义

$$C_G(A)\{g \in G, \forall a \in A, ag = ga\}$$

称为 A 在 G 中的**中心化子**(Centerlizer)。当 $A = G$ 时，

$$C_G(G) = \{a \in G, \forall g \in G, ag = ga\}$$

易知，$C_G(A) < G$ 且 $C_G(G) < C_G(A)$. $C_G(G)$ 称为群 G 的中心，简记为 $C(G)$。

当 $A = \{a\}$ 时，

$$C_G(a) = \{g \in G \mid ag = ga\}$$

称为 a 在 G 中的中心化子。当 $a\in C(G)$ 时，$C_G(a)=G$。

设 G 是群，$a,b\in G$，若存在 $g\in G$ 使得 $gag^{-1}=b$，则称 a 与 b 共轭(Conjugate)。易知，共轭关系是一个等价关系，每一个等价类称为一个共轭类，记作 $K_a=\{gag^{-1}\,|\,g\in G\}$。若 $a\in C(G)$，则 $K_a=\{a\}$，因此

$$G=C(G)\bigcup(\bigcup_{a\notin C(G)}K_a)$$

其中，$\bigcup_{a\notin C(G)}$ 表示对所有非中心内的共轭类代表元取并集。当 G 是有限群时，

$$|G|=|C(G)|+\sum_{a\notin C(G)}|K_a|$$

令 $S=\{gC_G(a)\,|\,g\in G\}$ 是 $C_G(a)$ 在 G 中的左陪集集合。定义

$$\phi:K_a\to S,\ gag^{-1}\mapsto gC_G(a)$$

因为 $g_1ag_1^{-1}=g_2ag_2^{-1}\Leftrightarrow g_2^{-1}g_1a=ag_2^{-1}g_1\Leftrightarrow g_1C_G(a)=g_2C_G(a)$，所以 ϕ 的定义是合理的，且是 K_a 到 S 的单射。显然 ϕ 也是满射，因此

$$|K_a|=|S|=[g:C_G(a)]$$

由上面的讨论可得到下面的类方程。

定理 2.1.9 设 G 是有限群，则有

$$|G|=|C(G)|+\sum_{a\notin C(G)}[G:C_G(a)]$$

2.1.2 群的同态

定义 2.1.5 设 $\phi:G\to G'$ 是群 G 到群 G' 的一个映射。如果 ϕ 满足条件

$$\phi(xy)=\phi(x)\phi(y),\ x,y\in G$$

那么 ϕ 就称为 G 到 G' 的一个同态映射或同态(Homomorphism)；如果 ϕ 是单射，则称 ϕ 是单同态(Monomorphism)；如果 ϕ 是满射，则称 ϕ 是满同态(Epimorphism)；如果 ϕ 是一一映射，则称 ϕ 为同构(Isomorphism)，这时称 G 和 G' 是同构(Isomorphic)的，记作 $G\cong G'$。G 到 G 自身的同构称为自同构。

例 2.1.8 设 G 是群。对任意的 $a\in G$ 定义：$\delta_a:\delta_a(g)=aga^{-1},g\in G$。则 δ_a 是群 G 的一个自同构，称为由 a 定义的内自同构。一个群 G 的所有的自同构组成的集合在映射的复合运算下构成一个群，称为 G 的自同构群，记作 $\mathrm{Aut}(G)$。群 G 的所有的内自同构组成一个内自同构群。

定义 2.1.6 设 ϕ 是群 G 到群 G' 的一个同态，则 G' 的单位元 e' 的原象集称为 ϕ 的核(Kernel)，记作 $\mathrm{Ker}\phi$。即

$$\mathrm{Ker}\phi=\{a\in G\,|\,\phi(a)=e'\}$$

$\mathrm{Im}\phi\triangle\phi(G)$ 称为 G 在 ϕ 作用下的同态像。

我们来证明，同态的核是群 G 的正规子群。由 $\phi(e)=e'$ 可知，$e\in\mathrm{Ker}\phi$。如果 $a,b\in\mathrm{Ker}\phi$，即 $\phi(a)=\phi(b)=e'$，则 $\phi(ab^{-1})=\phi(a)\phi(b)^{-1}=e'$，所以 $\mathrm{Ker}\phi$ 是 G 的一个子群。对任意的 $g\in G,k\in\mathrm{Ker}\phi$，

$$\phi(gkg^{-1})=\phi(g)\phi(k)\phi(g^{-1})=\phi(g)\phi(g)^{-1}=e'$$

所以 $gkg^{-1}\in\mathrm{Ker}\phi$，因此 $\mathrm{Ker}\phi \vartriangleleft G$。

令 $K=\mathrm{Ker}\phi$，对任意的 $a'\in\mathrm{Im}\phi$，若 $\phi(a)=a'$，则 $\phi^{-1}(a')=aK$，这是因为对任意的 $k\in K$ 有 $\phi(ak)=\phi(a)\phi(k)=a'$，所以 $ak\in\phi^{-1}(a')$，即 $aK\subseteq\phi^{-1}(a')$。另一方面，对任意的 $x\in\phi^{-1}(a')$ 有 $\phi(x)=a'$，即 $\phi(x)=\phi(a)$，于是 $a^{-1}x\in K$，从而 $x\in aK$，$\phi^{-1}(a')\subseteq aK$。

进一步，ϕ 是单射 $\Leftrightarrow \forall a'\in\phi(G)$，$|\phi^{-1}(a')|=1\Leftrightarrow|aK|=1\Leftrightarrow|K|=1\Leftrightarrow K=\{e\}$。

定理 2.1.10 （同态基本定理） 设 ϕ 是群 G 到群 G' 的一个满同态，$K=\mathrm{Ker}\phi$，则 $G/K\cong G'$。

证明：设 $G/K=\{gK\,|\,g\in G\}$，定义映射 $\psi:G/K\to G':aK\mapsto\phi(a)$。因为 $g_1K=g_2K\Leftrightarrow g_1^{-1}g_2\in K\Leftrightarrow\phi(g_1^{-1}g_2)=e'=\phi(g_1)=\phi(g_2)$，所以 ψ 是良定义的且是单射。

又 $\forall b\in G'$，因为 ϕ 是满射，存在 $a\in G$ 使得 $\phi(a)=b$，因此 $aK\in G/K$ 使得 $\psi(aK)=\phi(a)=b$，所以 ψ 是满射。

又因为

$$\psi(g_1K)\psi(g_2K)=\psi(g_1g_2K)=\phi(g_1g_2)=\phi(g_1)\phi(g_2)=\psi(g_1K)\psi(g_2K)$$

所以 ψ 是同构映射，$G/K\cong G'$。

下面的定理指出在同构意义下循环群只有两种。

定理 2.1.11 任意一个无限循环群都与 $\mathbf{Z}$ 同构；任意一个 n 阶循环群都与 Z_n 同构。

证明：设 $G=<a>$ 是无限循环群，则

$$G=\{a^k\,|\,k\in\mathbf{Z}\}$$

定义映射 $\phi:G\to\mathbf{Z},a^s\mapsto s$，显然 ϕ 是双射，且

$$\phi(a^s\cdot a^t)=\phi(a^{s+t})=s+t=\phi(a^s)+\phi(a^t)$$

因此 $G\cong\mathbf{Z}$。

设 $G=<a>$ 是 n 限循环群，则

$$G=\{e,a,a^2,\cdots,a^{n-1}\}$$

定义映射 $\phi:G\to Z_n,a^s\mapsto[s]$，$0\leqslant s\leqslant n-1$，显然 ϕ 是满射。若 $[s]=[t]$，则 $[s-t]=[0]$，从而存在整数 q 使得 $s-t=qn$。于是

$$a^{s-t}=a^{qn}=e$$

于是 $a^s=a^t$，因此 ϕ 是单射。又

$$\phi(a^s\cdot a^t)=\phi(a^{s+t})=[s+t]=[s]+[t]=\phi(a^s)+\phi(a^t)$$

因此 $G\cong Z_n$。

定义 2.1.7 （离散对数）设 $G=<g>$ 是一循环群。群 G 中的离散对数问题是指：给定 G 中的一个元素 h，求解正整数 n，使得

$$h=g^n$$

n 称为 h 相对于生成元 g 的离散对数，记作 $n=\log_g(h)$。

2.2　环

2.2.1　环、子环和理想

定义 2.2.1　设 R 是一个非空集合,如果 R 上有一个加法运算(＋)和一个乘法运算(·),且满足:

(1) $(R,+)$ 是一个交换群;

(2) 乘法运算满足结合律,即 $(a·b)·c=a·(b·c)$;

(3) 加法和乘法满足分配律,即对任意的 $a,b,c\in R,a(b+c)=ab+ac,(b+c)a=ba+ca$;

则称 $(R,+,·)$ 是一个环(Ring)。

设 $(R,+,·)$ 是一个环,加法交换群 $(R,+)$ 的单位元通常记作 0。元素 a 在加群中的逆元记作 $-a$,称为负元。一个非空集合 S 上的二元运算。如果满足结合律,则称 $(S,\circ)$ 为一个半群。环 $(R,+,·)$ 中的单位元是指乘法半群 $(R,·)$ 中的单位元(如果存在),记作 1。一个元素 a 的逆元指的是它在乘法半群中的逆元,记作 a^{-1}。

定义 2.2.2　设 $(R,+,·)$ 是一个环。

(1) 如果环 R 对乘法是可交换的,即对任意的 $a,b\in R,ab=ba$,则称 R 是交换环。

(2) 对任意的 $a,b\in R$,若 $ab=0$ 且 $a\neq0$ 和 $b\neq0$,则称 a 为左零因子,b 为右零因子。若一个元素既是左零因子又是右零因子,则称它为零因子。

(3) 环 R 称为有单位元的,如果它的乘法群有单位元 1。

(4) 如果 $R\neq\{0\}$,可交换且无零因子,则称 R 是整环(Domain)。

(5) 如果环 R 至少有两个元 $0\neq1$,且所有非零元在乘法运算下构成一个群,则称 R 是除环。

(6) 一个交换的除环称为域(Field)。

(7) 具有有限个元素的域称为有限域。具有无限个元素的域称为无限域。

(8) 环 R 中的乘法可逆元称为正则元或者单位。

(9) $R^{*}\triangleq R\backslash\{0\}$。

例 2.2.1　整数集合对普通加法和乘法是一个有单位元的无限交换整环。有理数集、实数集和复数集对于普通的加法和乘法分别构成域。

例 2.2.2　设 $Z[i]=\{a+bi\,|\,a,b\in\mathbf{Z},i=\sqrt{-1}\}$,则 $Z[i]$ 对复数加法和乘法构成环,称为高斯整数环。

例 2.2.3　设 $Z_n=\{\overline{0},\overline{1},\overline{2},\cdots,\overline{n-1}\}$ 整数模 n 的同余类集合,在 Z_n 中定义加法和乘法分别为模 n 的加法和乘法:

$$\bar{a}+\bar{b}=\overline{a+b}, \quad \bar{a} \cdot \bar{b}=\overline{ab}$$

则 $(Z_n,+)$ 是交换群, $(Z_n,\cdot)$ 是交换半群, 且分配率成立, 所以 $(Z_n,+,\cdot)$ 是环, 称为整数模 n 的同余类(或剩余类)环。

例 2.2.4 有限整环是域。证明留给读者。

定理 2.2.1 $(Z_n,+,\cdot)$ 是域当且仅当 n 是素数。

证明: 充分性。设 $n=p$ 是一个素数, 则 $\bar{0},\bar{1}\in Z_p$。对任意的 $\bar{k}\in Z_p^*$, 因为 $(k,p)=1$, 存在 $u,v\in Z$ 使得 $uk+vp=1$, 于是 $\overline{uk}=\bar{1}$, 所以 $\bar{k}^{-1}=\bar{u}$, 即对于任意的非零元 $\bar{k}\in Z_p^*$, $\bar{k}$ 都有逆元, 所以 Z_p^* 是群, 因而 Z_n 是域。

必要性。反证法。若 n 不是素数, 设 $n=n_1n_2, n_1\neq1, n_2\neq1$, 则 $n_1 \cdot n_2=\bar{0}$ 且 $n_1\neq\bar{0}$, $n_2\neq\bar{0}$, 所以 n_1,n_2 是零因子, 与 Z_n 是域矛盾。

定义 2.2.3 设 $(R,+,\cdot)$ 是一个环。S 是 R 的一个非空子集, 如果 $(S,+,\cdot)$ 也构成一个环, 则称 S 是 R 的子环, R 是 S 的一个扩环。

(0) 和 R 本身是 R 的子环, 称为平凡子环。

定义 2.2.4 设 $(R,+,\cdot)$ 是一个环. I 是 R 的一个子环, 如果对于任意的 $a\in R$ 和任意的 $x\in I$ 都有 $ax\in I$ 和 $xa\in I$, 则称 I 是 R 的一个理想(Ideal)。

(0) 和 R 本身是 R 的理想, 称为平凡理想。设 S 是环 R 的一个非空子集, 环 R 中包含 S 的所有理想的交称为由 S 生成的理想, 记作 (S)。如果 $S=\{a_1,a_2,\cdots,a_n\}$, 则称 (S) 是有限生成的, 并且把 (S) 记作 $(a_1,a_2,\cdots,a_n)$。环 R 中由一个元素生成的理想称为**主理想(Principal Ideal)**。

设 R 是有单位元的交换环, $a_1,a_2,\cdots,a_n\in R$, 则

$$(a,a_2,\cdots,a_n)=\{r_1a_1+r_2a_2+\cdots+r_na_n|r_i\in R, i=1,2,\cdots,n\}$$

设 I,J 是环 R 的理想, 则

$$I+J=\{i+j|i\in I, j\in J\}$$

也是 R 的理想, 称为理想 I 和 J 的和, 这也是 R 中同时包含 I 和 J 的最小理想. 设 I,J 是环 R 的理想, 集合

$$IJ=\{\text{有限和} \sum_i a_ib_i \mid a_i\in I, b_i\in J\}$$

也是环 R 的理想, 称为理想 I 和 J 的积, 并且有

$$IJ\subseteq I\cap J\subseteq I+J$$

如果 $I+J=R$, 则称理想 I 与 J **互素(Coprime)**。

例 2.2.5 设 R 是有单位元的交换环, I,J,K 都是 R 的理想, 如果 I 和 J 都和 K 互素, 则 IJ 也与 K 互素。若 I 与 J 互素, 那么 $IJ=I\cap J$。证明留给读者。

2.2.2 商环和环的同态

设 R 是环, I 是 R 的一个理想, 则 I 是加群 $(R,+)$ 的正规子群, R 对于 I 的加法商群

为

$$R/I = \{a+I \mid a \in \mathbf{R}\}$$

记 $\bar{a} = a+I$。在 R/I 上定义二元运算

$$\bar{a} + \bar{b} = \overline{a+b}, \quad \bar{a} \cdot \bar{b} = \overline{ab}$$

则 $(R/I, +, \cdot)$ 是环，称作 R 关于 I 的商环或剩余类环。

定义 2.2.5　设 R 和 R' 是两个环，若有一个 R 到 R' 的映射 ϕ 满足：对任意的 $a, b \in \mathbf{R}$，有

$$\phi(a+b) = \phi(a) + \phi(b)$$
$$\phi(ab) = \phi(a)\phi(b)$$
$$\phi(1) = 1'$$

则称 ϕ 是一个 R 到 R' 的同态（对于没有单位元的环，不要求第三个公式）。如果 ϕ 是单射、满射或者双射，则称 ϕ 是单同态、满同态或者同构. R 与 R' 同构记作 $R \cong R'$。

例 2.2.6　设 R 和 R' 是两个环，定义映射 ϕ 满足对任意的 $a \in \mathbf{R}$，$\phi(a) = 0' \in \mathbf{R}'$，则 ϕ 是一个 R 到 R' 的同态，且同态像为 $\phi(R) = \{0'\}$，称为零同态。

定义 2.2.6　设 ϕ 是 R 到 R' 的一个同态，则 R' 的零元 $0'$ 的原像的集合称为 ϕ 的同态核，记作 $\mathrm{Ker}\phi$，即

$$\mathrm{Ker}\phi = \{x \in \mathbf{R} \mid \phi(x) = 0'\}$$

显然同态核是 R 的一个理想，且 ϕ 是单同态当且仅当 $\mathrm{Ker}\phi = \{0'\}$。

类似于群的同态基本定理，我们也有

定理 2.2.2　（同态基本定理）设 ϕ 是 R 到 R' 的一个满同态，$K = \mathrm{Ker}\phi$，则 $R/K \cong R'$，且 $a+K \mapsto \phi(a)$ 是 R/K 到 R' 的一个同构。

该定理的证明留给读者自己完成。

定义 2.2.7　设 I 是 R 的一个理想，对于 $a, b \in \mathbf{R}$，如果 $a-b \in I$，则称 a, b 模 I 同余，记作 $a \equiv b \pmod{I}$。

容易看出，如果 $a \equiv b \pmod{I}$，$c \equiv d \pmod{I}$，则 $a+c \equiv b+d \pmod{I}$，$ca \equiv cb \pmod{I}$，$ac \equiv bd \pmod{I}$。

设 $G_1, G_2, \cdots, G_n$ 是 n 个群，在笛卡儿积 $G_1 \times G_2 \times \cdots \times G_n$ 上定义一个二元运算

$$(x_1, x_2, \cdots, x_n)(y_1, y_2, \cdots, y_n) \triangleq (x_1 y_1, x_2 y_2, \cdots, x_n y_n)$$

则易验证 $G_1 \times G_2 \times \cdots \times G_n$ 成为一个群，称它是群 $G_1, G_2, \cdots, G_n$ 的直积，记作 $G_1 \times G_2 \times \cdots \times G_n$。如果群的运算是加法，$G_1 \times G_2 \times \cdots \times G_n$ 也称作群 $G_1, G_2, \cdots, G_n$ 的直和。

设 $R_1, R_2, \cdots, R_n$ 都是环，作 $R_1, R_2, \cdots, R_n$ 的加法群的直和 $R_1 \oplus R_2 \oplus \cdots \oplus R_n$，在这个直和中定义乘法运算如下：

$$(a_1, a_2, \cdots, a_n) \cdot (b_1, b_2, \cdots, b_n) \triangleq (a_1 b_1, a_2 b_2, \cdots, a_n b_n)$$

显然这样定义的乘法满足结合律和左右分配律，因此 $R_1 \oplus R_2 \oplus \cdots \oplus R_n$ 成为一个环，称它为环 $R_1, R_2, \cdots, R_n$ 的直和。它的零元素是 $(0, 0, \cdots, 0)$。如果每个环 R_i 都有单位元

$1_i(i=1,2,\cdots,n)$，则 $R_1\oplus R_2\oplus\cdots\oplus R_n$ 有单位元 $(1_1,1_2,\cdots,1_n)$。如果每个环 R_i 都是交换环，则 $R_1\oplus R_2\oplus\cdots\oplus R_n$ 是交换环。

定理 2.2.3 设 R 是有单位元的 $1\neq 0$ 的交换环，它的理想 $I_1,I_2,\cdots,I_n$ 两两互素，则
$$R/I_1\bigcap I_2\bigcap\cdots\bigcap I_n\cong R/I_1\oplus R/I_2\oplus\cdots\oplus R/I_n$$

证明：定义映射

$$\phi:R \quad\rightarrow\quad R/I_1\oplus R/I_2\oplus\cdots\oplus R/I_n$$
$$x \quad\mapsto\quad (x+I_1,x+I_2,\cdots,x+I_s)$$

则 $\phi(x+y)=\phi(x)+\phi(y)$ 且 $\phi(xy)=\phi(x)\phi(y)$，$\phi(1)=(1+I_1,1+I_2,\cdots,1+I_n)$。因此 ϕ 是环 R 到 $R/I_1\oplus R/I_2\oplus\cdots\oplus R/I_n$ 的一个同态。下面计算同态的核。

$$a\in\mathrm{Ker}\phi\Leftrightarrow\phi(a)=(0+I_1,0+I_2,\cdots,0+I_n),$$
$$\Leftrightarrow a+I_j=0+I_j,j=1,2,\cdots,n,$$
$$\Leftrightarrow a\in I_j,j=1,2,\cdots,n,$$
$$\Leftrightarrow a\in I_1\bigcap I_2\bigcap\cdots\bigcap I_n$$

因此 $\mathrm{Ker}\phi=I_1\bigcap I_2\bigcap\cdots\bigcap I_n$。由环的同态基本定理得

$$R/I_1\bigcap I_2\bigcap\cdots\bigcap I_n\cong\mathrm{Im}\phi$$

下面来证 ϕ 是满射。任取 $(b_1+I_1,b_2+I_2,\cdots,b_n+I_n)\in R/I_1\oplus R/I_2\oplus\cdots\oplus R/I_n$，要证存在 $a\in R$ 满足 $\phi(a)=(b_1+I_1,b_2+I_2,\cdots,b_n+I_n)$，即 $a+I_j=b+I_j$，进而 $a-b_j\in I_j$，即 $a\equiv b_j(\mathrm{mod}\ I)_j,j=1,2,\cdots,n$。由于 $I_1,I_2,\cdots,I_n$ 两两互素，由前面的例 2.2.5 得，对任意的 $j=1,2,\cdots,n,I_j$ 与 $I_1\cdot I_{j-1}I_{j+1}\cdots I_n$ 互素，从而

$$I_j+I_1\cdot I_{j-1}I_{j+1}\cdots I_n=R$$

于是存在 $d_j\in I_j,e_j\in I_1\cdot I_{j-1}I_{j+1}\cdots I_n$，使得

$$d_j+e_j=1$$

由于 $d_j=d_j-0\in I_j$，因此 $d_j\equiv 0(\mathrm{mod}\ I_j)$。因此

$$e_j\equiv 1(\mathrm{mod}\ I_j)$$

对于 $s\neq j$，由于

$$e_j\in I_1\cdots I_{j-1}I_{j+1}\cdots I_n\subseteq I_1\bigcap\cdots\bigcap I_{j-1}I_{j+1}\bigcap\cdots\bigcap I_n\subseteq I_s$$

因此

$$e_j\equiv 0(\mathrm{mod}\ I_s),\quad s=1,\cdots,j-1,j+1,\cdots,n$$

令

$$a=\sum_{k=1}^{n}b_k e_k$$

则

$$a\equiv b_j(\mathrm{mod}\ I_j),\quad j=1,2,\cdots,n$$

因此 ϕ 是满射，从而

$$R/I_1\bigcap I_2\bigcap\cdots\bigcap I_n\cong R/I_1\oplus R/I_2\oplus\cdots\oplus R/I_n$$

由上面定理的证明过程可得到下面的中国剩余定理：

定理 2.2.4 （中国剩余定理） 设 R 是有单位元的 $1 \neq 0$ 的交换环，它的理想 I_1，$I_2, \cdots, I_n$ 两两互素，则对于任意给定的 n 个元素 $b_1, b_2, \cdots, b_n \in R$，同余方程组

$$\begin{cases} x \equiv b_1 (\mathrm{mod}\ I_1) \\ x \equiv b_2 (\mathrm{mod}\ I_2) \\ \qquad \vdots \\ x \equiv b_n (\mathrm{mod}\ I_n) \end{cases}$$

在 R 内必有解。并且如果 a, c 是两个解，则

$$a \equiv c(\mathrm{mod}\ I_1 \bigcap I_2 \bigcap \cdots \bigcap I_n)$$

证明： 由上述定理的证明过程知同余方程组在 R 内有解。现设 a, c 是两个解，则 $a \equiv c(\mathrm{mod}\ I_j), j = 1, 2, \cdots, n$，即 $a - c \in I_j, j = 1, 2, \cdots, n$，因此 $a - c \in I_1 \bigcap I_2 \bigcap \cdots \bigcap I_n$。于是

$$a \equiv c(\mathrm{mod}\ I_1 \bigcap I_2 \bigcap \cdots \bigcap I_n)$$

2.2.3 素理想和极大理想

定义 2.2.8 设 R 是一个环。R 中的真理想 P 叫作是素理想，是指它满足：对任意的 $a, b \in R$，如果 $ab \in P$，则 $a \in P$ 或者 $b \in P$。

定义 2.2.9 设 R 是一个环。R 中的真理想 M 叫作极大理想，是指它满足：对 R 的任意一个理想 A，如果 $M \subseteq A \subseteq R$，则 $A = M$ 或者 $M = R$。$a \in P$ 或者 $b \in P$。

定理 2.2.5 设 R 是一个有单位元的交换环，I 是 R 的一个理想，则

(1) I 为 R 的素理想 $\Leftrightarrow$ 商环 R/I 是整环；

(2) I 为 R 的极大理想 $\Leftrightarrow$ 商环 R/I 是域。因此极大理想必是素理想。

证明：

(1) 若 I 为 R 的素理想，则 $I \neq R$，从而 R/I 不是零环。设 $\bar{x}, \bar{y} \in R/I$，且 $\bar{x} \cdot \bar{y} = \bar{0} \in R/I$，则 $\overline{xy} = \bar{0}$，从而 $xy \in I$。由于 I 是素理想，所以 $x \in I$ 或者 $y \in I$，即 $\bar{x} = \bar{0}$ 或者 $\bar{y} = \bar{0}$，于是 R/I 是整环。反过来，如果 R/I 是整环，则 $R/I \neq (0)$，即 $I \neq R$。如果 $x, y \in R, xy \in I$，则 $\bar{x} \cdot \bar{y} = \overline{xy} = \bar{0} \in R/I$，由于 R/I 是整环，从而 $\bar{x} = \bar{0}$ 或者 $\bar{y} = \bar{0}$，即 $x \in I$ 或者 $y \in I$，这表明 I 是 R 的素理想。

(2) 设 I 是 R 的极大理想，则 $R/I \neq (0)$，且对任意的 $\bar{x} \in R/I, \bar{x} \neq \bar{0}$，有 $x \notin I$。于是由 x 和 I 生成的理想 $xR + I$ 大于 I。由 I 的极大性即知 $xR + I = R$。因为 $1 \in R$，从而存在 $r \in R, a \in I$，使得 $xr + a = 1$。因此 $\bar{x} \cdot \bar{r} = \overline{xr} = \overline{1 - a} = \bar{1} - \bar{a} = \bar{1} - \bar{0} = \bar{1} \in R/I$。这表明非零商环 R/I 中每个非零元均有乘法逆，于是 R/I 是域。反过来，如果 R/I 是域，则 $R/I \neq (0)$，即 $I \neq R$。假设 J 为 R 的理想且 $I \subseteq J \subseteq R$。如果 $I \neq J$，则存在 $x \in J, x \notin I$。从而在 R/I 中，$\bar{x} \neq \bar{0}$。由于 R/I 是域，于是有 $r \in R$ 使得 $\bar{x}\bar{r} = \bar{1}$，即 $xr - 1 \in I$。于是 $1 \in xr + I \subseteq xR + I \subseteq J$。这表明 $J = R$。从而 I 是 R 的极大理想。

由上述定理可知：

(0)为环 R 的素理想⇔R 为整环。

(0)为环的极大理想⇔R 为域。

定义 2.2.10　设为一整环。一个域 F 称为整环 R 的商域(或分式域),如果 R 和 F 满足:

(1) R 是 F 的子环;

(2) F 的每个元素 a 都可以表成 R 的两个元素的商 $a=\dfrac{b}{c},c\neq0$。

定理 2.2.6　每个整环都存在商域,且在同构意义下商域是唯一的。

证明:设 R 是一整环,令

$$T=R\times R^* =\{(a,b)\}a\in R,b\in R^* \}$$

在集合 T 上规定一个二元关系～如下:

$$(a,b)\sim(c,d)\Leftrightarrow ad=bc$$

读者自行验证～是 T 上的一个等价关系。把(a,b)确定的等价类记作$\dfrac{a}{b}$,于是

$$\frac{a}{b}=\frac{c}{d}\Leftrightarrow ad=bc$$

用 F 表示商集 $T/\sim$。在 F 中规定加法和乘法

$$\frac{a}{b}+\frac{c}{d}=\frac{ad+bc}{bd}$$

$$\frac{a}{b}\cdot\frac{c}{d}=\frac{ac}{bd}$$

易证加法和乘法的定义与等价类的代表元的选取无关,因此定义是合理的。零元素 $\dfrac{0}{b}$ 记作 0,单位元素 $\dfrac{b}{b}$ 记作 1。$\dfrac{a}{b}$ 的负元素是 $\dfrac{-a}{b}$,如果 $\dfrac{a}{b}\neq0$,那么 $\dfrac{a}{b}\cdot\dfrac{b}{a}=1$。因此 F 是域。令

$$\sigma:R\to F,a\mapsto\frac{a}{1}$$

则 σ 是 R 到 F 的一个单同态,因此 R 可看成 F 的子环,因此 F 是 R 的商域。

如果 F,F' 都是 R 的商域,则存在 R 到 F 的一个单同态 σ 和 R 到 F' 的一个单同态 σ'。定义 F 到 F' 的一个映射 ψ 使得 $\psi(\sigma(a)\sigma(b)^{-1})=\sigma'(a)\sigma(b)'^{-1}$,可验证 ψ 是 F 到 F' 的一个同构。

定义 2.2.11　设 F 是一个域,e 是它的单位元素。如果存在正整数 n 使得对任意的 $ne=0$,那么适合条件 $pe=0$ 的最小的正整数 p 称为域 F 的特征,或者说 F 是特征 p 的域。如果对于任意的正整数 n,都有 $ne\neq0$,则称域 F 的特征为 0,或说 F 是特征 0 的域。

下面定理的证明是显然的,留给读者。

定理 2.2.7　设 F 是任意域。那么 F 的特征或者是 0 或者是一个素数 p。

注意,域 Q,R,C 都是特征 0 的域,而对于一个素数 p,Z_p 是特征 p 的域。且有限域的特征一定是素数。

2.2.4　多项式环

设 R 是一给定的有单位元 1 的环,x 是一未定元,而 i 是任意非负整数。形如 $a_i x^i$,$a_i \in R$ 的式子称为系数在 R 中的未定元 x 的单项式。有限个系数在 R 中的单项式 $a_0 x^0$,$a_1 x^1, a_2 x^2, \cdots, a_n x^n$(其中,$n$ 是任意非负整数,$a_0, a_1, \cdots, a_n \in R$)的形式和 $a_0 x^0 + a_1 x^1 + a_2 x^2 + \cdots + a_n x^n$ 称为系数在 R 中的未定元 x 的多项式,或简称 R 上 x 的多项式。

在上述多项式中,$a_i x^i$ 称为它的 i 次项,a_i 称为它的 i 次项系数。约定 $x^0 = 1$,并将 x^1 记作 x,那么上述多项式可写成

$$a_0 + a_1 x + a_2 x^2 + \cdots + a_n x^n$$

我们往往使用记号 $f(x), g(x), f_i(X) \cdots$ 来表示多项式。

设 $f(x)$ 和 $g(x)$ 是 R 上 x 的两个多项式,如果它们同次项的系数都相等,就说 $f(x)$ 和 $g(x)$ 相等。对多项式

$$f(x) = a_0 + a_1 x + a_2 x^2 + \cdots + a_n x^n = \sum_{i=0}^{n} a_i x^i$$

如果 $a_n \neq 0$,则说 $f(x)$ 是 n 次多项式,记作 $\deg f(x) = n$,称 a_n 是 $f(x)$ 的首项系数。如果 $a_n = 1$,$f(x)$ 就叫首一多项式。如果 $f(x)$ 的所有系数都是 0,就说 $f(x)$ 是零多项式,仍用 0 来表示它,并规定 $\deg 0 = -\infty$。

用 $R[x]$ 表示 R 上关于 x 的多项式的全体所组成的集合。设 $f(x)$ 和 $g(x)$ 是 $R[x]$ 中任意两个元素,并设

$$f(x) = \sum_{i=0}^{n} a_i x^i, \quad g(x) = \sum_{i=0}^{n} b_i x^i$$

令 $M = \max\{n, m\}$。如果 $n < M$,令 $a_{n+1} = a_{n+2} = \cdots a_M = 0$。如果 $m < M$,令 $b_{m+1} = b_{m+2} = \cdots = b_M = 0$。定义 $f(x)$ 和 $g(x)$ 为

$$f(x) + g(x) = \sum_{i=0}^{M} (a_i + b_i) x^i$$

$f(x)$ 和 $g(x)$ 的积定义为

$$f(x) g(x) = \sum_{i=0}^{m+n} \left(\sum_{j=0}^{i} a_j b_{i-j} \right) x^i$$

显然,$f(x) + g(x), f(x)g(x) \in R[x]$,即 $R[x]$ 对于如上定义的加法和乘法运算是封闭的。

进一步,$R[x]$ 对于上述两种运算构成一个含有单位元素 1 的环,称为 R 上的一元多项式环。如果 R 是交换环,则 $R[x]$ 是交换环。如果 R 是整环,则 $R[x]$ 是整环。

设 R 为一有单位元的交换整环,$f(x)$ 和 $g(x)$ 是 R 上的任意两个多项式,$g(x) \neq 0$。

如果存在一个多项式 $q(x) \in R[x]$ 使得

$$f(x) = g(x)q(x)$$

成立,那么称 $g(x)$ 整除 $f(x)$ 或者说 $f(x)$ 可以被 $g(x)$ 整除,记作 $g(x) \mid f(x)$。此时,$g(x)$ 称为 $f(x)$ 的因式,$f(x)$ 称为 $g(x)$ 的倍式。

非零的常数多项式和一个多项式本身称为该多项式的平凡因式。如果一个多项式不能写成两个非平凡因式的乘积,则称这个多项式是不可约多项式或既约多项式。高等代数中学过的数域上的一元多项式的除法算式可推广成如下定理。

定理 2.2.8 (辗转相除法) 设 R 为一有单位元的交换整环,$f(x), g(x) \in R[x]$,$g(x) \neq 0$,而且 $g(x)$ 的首项系数为单位(即可逆元),于是存在唯一的 $q(x), r(x) \in R[x]$ 使得

$$f(x) = q(x) \cdot g(x) + r(x), \quad \deg r(x) < \deg g(x)$$

推论 2.2.1 (余数定理) 设 $f(x) \in R[x], c \in R$,则 $f(x)$ 可表成

$$f(x) = q(x) \cdot (x - c) + f(c)$$

推论 2.2.2 (因式定理) 设 $f(x) \in R[x], c \in R$,则

$$(x - c) \mid f(x) \Leftrightarrow f(c) = 0$$

推论 2.2.3 设 $f(x) \in R[x], \deg f(x) = n \geqslant 0$,则 $f(x)$ 在 R 内最多有 n 个不同的根。

上述定理和推论的证明和数域上的情况完全一样,留给读者自己完成。

2.2.5 整环的整除性

设 R 为一整环。对任意的 $a, b \in R$,如果存在 $c \in R$ 使得 $a = bc$,则 b 称为 a 的**因子**,a 称为 b 的倍数,称 b 能整除 a,记作 $b \mid a$。如果 $a \mid b$ 且 $b \mid a$,则 a, b 称为相伴,记作 $a \sim b$。显然相伴是一等价关系。若 $b \mid a$ 但 $a \nmid b$,则称 b 为 a 的真因子。单位元 1 的所有因子构成的集合 $U = \{u \in R \mid u \mid 1\}$ 恰好是 R 的单位全体构成的乘法群。令 $Ua = \{ua \mid u \in U\}$。每个非零元 a 都有两类平凡因子即 U 和 Ua。

设元素 a 不是单位,也不是零元素。若从 $a = bc$ 恒推出 $b \sim a$ 或 $b \sim 1$,则 a 称为一个**不可约元**。

一个不可约元 a 除了两类因子 U 和 Ua 外无其他因子。设元素 a 不是单位不是零元,若从 $a \mid bc$ 恒推出 $a \mid b$ 或 $a \mid c$,则称 a 为一个**素元**。

整数环 Z 的单位群为 $\{\pm 1\}$,素数是不可约元,也是素元。域 F 上一元多项式环 $F[x]$ 的单位群是 $F^* = F - \{0\}$,不可约多项式就是不可约元,同时也是素元。若 $c \mid a$ 且 $c \mid b$,则 c 称为 a, b 的一个公因子。a, b 的一个公因子 d 称为 a, b 的一个**最大公因子**,如果 $c \mid a$ 且 $c \mid b$ 则必有 $c \mid d$。a 和 b 的最大公因子常记作 (a, b)。

设 R 为一整环,$a \in R$,若 a 是素元,则 a 生成的理想 (a) 是 R 的素理想。反过来,若 (a) 是 R 的素理想,则 a 是 R 中的素元。易证素元一定是不可约元,但反过来不一定对。

如果整环 R 的每一个理想都主理想,则称 R 是**主理想整环**。

整数环 Z 和域上的一元多项式环都是主理想整环。

设 F 为域,$F[x]$ 为一元多项式环。I 为 $F[x]$ 的非零理想,在 I 的非零元素中取一个次数最低的多项式 $f(x)$,则由带余除法可知 $I=(f(x))$。

在主理想整环中,素元和不可约元是等价的。证明如下:设 R 是一主理想整环,$a \in R$ 是一不可约元,设 I 为 R 的一个理想使得 $(a)I$。因为 R 是主理想整环,所以 $I=(b)$,$b \in R$。因为 $(a)I$,所以 $b \mid a$,但因为 $(a) \neq I$,所以 b 是 a 的一个真因子。因为 a 不可约,所以 $b \sim 1$,即 $I=R$,所以 (a) 是 R 的极大理想,因而是素理想,所以 a 是素元。

设 R 为一主理想整环,对任意的 $a,b \in R$,若 $(a)+(b)=(d)$,则 d 是 a,b 的一个最大公因子,且存在 $u,v \in R$,使得

$$d=ua+vb$$

定义 2.2.12　设 R 为一整环。如果 R 满足下列两个条件,则称 R 为**唯一因子分解整环**,也叫高斯整环。

(1) R 的每个非零非单位的元素 a 恒可写成有限个不可约元的积

$$a=p_1 p_2 \cdots p_r$$

(2) 上述分解在相伴意义下是唯一的,即若元素 a 有两种分解 $a=p_1 p_2 \cdots p_r=q_1 q_2 \cdots q_s$,则 $r=s$,而且适当改换 q_i 的脚标可使

$$q_i \sim p_i, i=1,2,\cdots,r$$

例 2.2.7　整数环和域上的一元多项式环都是唯一因子分解整环。

例 2.2.8　设 F 为域,$F[x]$ 为一元多项式环,$f(x) \in F[x]$ 为一个次数 $\geqslant 1$ 的多项式,则下列叙述等价:

(1) $f(x)$ 不可约。

(2) 理想 $(f(x))$ 为极大理想。

(3) 理想 $(f(x))$ 为素理想。

(4) $F[x]/(f(x))$ 为一整环。

(5) $F[x]/(f(x))$ 为一域。

引理 2.2.1　设 R 是整环,如果 R 中任两个元素都存在最大公因子,则对任意的 $a, b,c \in R$,有 $(ca,cb) \sim c(a,b)$。

证明: $c=0$ 或 $(a,b)=0$ 时引理成立。不妨假设 $c \neq 0$,$(a,b) \neq 0$。令 $d=(a,b)$,$e=(ca,cb)$。因为 $d \mid a, d \mid b$,因此 $cd \mid ca, cd \mid cb$,从而 $cd \mid e$。于是存在 $u \in R$ 使得 $e=ucd$,下证 u 是单位。因为 $e \mid ca$,所以存在 $v \in R$ 使得 $ca=ev$,从而 $ca=uved$,即 $a=uvd$。同理可得 $b=uv'd$,$v' \in R$。因此 $ud \mid (a,b)$,即 $ud \mid d$,因此存在 $s \in R$ 使得 $d=sud$,又 $d \neq 0$,所以 $su=1$,从而 u 是单位,所以 $e \sim cd$。

在整环 R 中,任意两个元素不一定存在最大公因子。诸如令

$$R=Z\sqrt{-5}=\{a+b\sqrt{-5} \mid a,b \in Z\}$$

则 $Z\sqrt{-5}$ 是一整环。对于 $\alpha=a+b\sqrt{-5}$，规定 $N(\alpha)=a^2+5b^2$，称 $N(\alpha)$ 是 α 的范数。则 α 是 $Z\sqrt{-5}$ 中的单位当且仅当 $N(\alpha)=1$。不难验证 3 和 $2\pm\sqrt{-5}$ 都是不可约元，但它们都不是素元，而且 $Z\sqrt{-5}$ 不是唯一因子分解整环。9 和 $6+3\sqrt{-5}\in Z\sqrt{-5}$，但是它们没有最大公因子。详细的证明留做习题。

定理 2.2.9 设 R 是唯一因子分解整环，则

（1）R 的每一对元素都有最大公因子。

（2）R 的每一个不可约元都是素元。

（3）因子链条件成立：即若序列 $a_1,a_2,a_3\cdots$ 中的每一个 a_i 是 a_{i-1} 的真因子，则这个序列是有限序列。

证明：

（1）任取 $a,b\in R$，若 $a=0$，则 $b=(0,b)$。若 a 是单位，则 $a=(0,b)$。下设 a,b 均为非零非单位。因为 R 是唯一因子分解整环，所以有两两不相伴的不可约元 $p_1,p_2,\cdots,p_r$，以及单位 u,v，使得

$$a=up_1^{\alpha_1}p_2^{\alpha_2}\cdots p_r^{\alpha_r},\quad \alpha_i\geqslant 0,\quad 1\leqslant r$$
$$b=vp_1^{\beta_1}p_2^{\beta_2}\cdots p_r^{\beta_r},\quad \beta_i\geqslant 0,\quad 1\leqslant r$$

其中，至少有一个 $\alpha_j>0,\beta_k>0$。令

$$d=p_1^{\min\{\alpha_1,\beta_1\}}p_2^{\min\{\alpha_2,\beta_2\}}\cdots p_r^{\min\{\alpha_r,\beta_r\}}$$

则 $d|a,d|b$。如果 c 是 a 与 b 的一个公因子，则

$$c=u'p_1^{\gamma_1}p_2^{\gamma_2}\cdots p_r^{\gamma_r},\quad \gamma_1\leqslant\min\{\alpha_i,\beta_i\},\quad 1\leqslant i<r$$

因此 $c|d$，所以 $d=(a,b)$。

（2）设 p 是 R 的不可约元且 $p|ab$。因为 p 不可约，所以没有非平凡因子，因此 $(p,a)\sim p$ 或者 $(p,a)\sim 1$。如果 $(p,a)\sim p$，则 $p|a$。如果 $(p,a)\sim 1$，则 $(bp,ab)\sim b(p,a)\sim b$。由于 $p|ab$ 且 $p|bp$，因此 $p|(bp,ab)$，从而 $p|b$。综上，p 是素元。

（3）如果 a_1 是单位，则 a_1 没有真因子，从而序列只有一项。又 0 的真因子是非零元，所以可设 $a_1\neq 0$ 且 a_1 不是单位。从而有互不相伴的不可约元 $p_1,\cdots,p_r$ 使得

$$a_1=p_1^{\alpha_1}\cdots p_r^{\alpha_r},\quad \alpha_i>0,\quad 1\leqslant i\leqslant r$$

因为 a_1 的因子必形如 $up_1^{m_1}\cdots p_r^{m_r},0\leqslant m_i\leqslant\alpha_i,1\leqslant i\leqslant r$。对应于 $(m_1,\cdots,m_r)$ 的两种不同取法，所对应的两个因子是不相伴的，因此 a_1 的两两不相伴的因子只有有限多个，从而序列 $a_1,a_2,a_3,\cdots$ 是有限序列。

如果环 R 的理想序列 $N_1,n_2,\cdots$ 满足条件

$$N_i\subset N_{i+1},\quad i=1,2,\cdots$$

则 $\{N_i\}$ 称为一个理想升链。

如果整环 R 的元素序列 $a_1,a_2,\cdots$ 满足条件

$$a_{i+1}|a_i,\quad i=1,2,\cdots$$

则 $\{a_i\}$ 称为一个因子降链。

引理 2.2.2

(1) 主理想整环 R 的任一理想升链 $\{(a_i)\}$ 恒有限，即存在正整数 m 使得 $(a_m)=(a_{m+1})=(a_{m+2})=\cdots$。

(2) 主理想整环 R 的任一因子降链 $\{(a_i)\}$ 恒存在一个正整数 m 使得 $a_m \sim a_{m+1} \sim a_{m+2} \sim \cdots$。

证明： 因为 $a \mid b \Leftrightarrow (b) \subset (a)$，$a \sim b \Leftrightarrow (a)=(b)$，所以 (1) 和 (2) 等价，只证明 (1)。令 $N=\bigcup_i (a_i)$，则 N 是一个理想（为什么？）。因为 R 是主理想整环，所以存在 $d \in R$ 使得 $N=(d)$。由 N 的定义知 d 必属于某一个 (a_m)，从而 $N \subset (a_m)$。又由 N 的定义，显然有 $(a_m) \subset N$，所以 $N=(a_m)$。于是对任意大于 m 的正整数 n 有 $(a_m) \subset (a_n) \subset N=(a_m)$，所以 $(a_n)=N$，于是 $N=(a_m)=(a_{m+1})=(a_{m+2})=\cdots$。

定理 2.2.10 整环若满足下列两个条件：

(1) 因子链条件，

(2) 每一个不可约元都是素元，

则 R 是唯一因子分解整环。

证明： 设 a 是 R 中一个非零非单位的一个元素，如果 a 不可约，则 $a=a$ 是它的一个不可约元分解。下面设 a 可约，于是 a 有真因子。那么它一定有一个不可约的真因子。否则，设 a_1 是 a 的一个真因子，且 a_1 可约，则 a_1 有一个真因子 a_2，若 a_2 可约，则 a_2 有一个真因子 a_3，如此下去，得到序列 $a, a_1, a_2, a_3, \cdots$，每个元素都是前一个元素的真因子，但由于 R 满足因子链条件，所以这个序列有限，它的最后一项 a_n 一定是不可约元。因此，a 有一个不可约的真因子，记作 p_1。于是 $a=p_1 c_1$，c_1 是 a 的真因子，如果 c_1 不可约，则 a 分解为两个不可约元的乘积。如果 c_1 可约，由上面的论述可知，c_1 有一个不可约的真因子 p_2，于是 $a=p_1 p_2 c_2$。对 c_2 是 c_1 的真因子，得到因子链序列 $a, c_1, c_2, c_3, \cdots$，由因子链条件知序列有限，设最后一项为 c_{r-1}，则 c_{r-1} 不可约，记作 p_r，于是得到 a 的分解 $a=p_1 c_1 = p_1 p_2 c_2 = \cdots = p_1 p_2 \cdots p_{r-1} = p_1 p_2 \cdots p_r$。

下证分解的唯一性。设 $a=p_1 p_2 \cdots p_s = q_1 q_2 \cdots q_t$。对 s 作归纳法。

当 $s=1$ 时，$a=p_1$ 是不可约元，因此 $t=1$，$p_1=q_1$。

假设结论对 $s-1$ 成立。

当 $a=p_1 p_2 \cdots p_s = q_1 q_2 \cdots q_t$ 时，$p_1 \mid q_1 q_2 \cdots q_t$。因为 p_1 是不可约元，由条件 (2)，它是素元，所以有某个 q_k 使得 $p_1 \mid q_k$，不妨假设 $p_1 \mid q_1$。于是存在 $u \in R$ 使得 $q_1 = u p_1$，又因 q_1 是不可约元，所以 u 是单位，即 $p_1 \sim q_1$。将 $q_1 = u p_1$ 代入 a 的右边的那个分解式，两边消去 p_1，得到 $(a/p_1)=p_2 p_3 \cdots p_s = u q_2 q_3 \cdots q_t$。由归纳假设，$s=t$，且适当排列次序后得 $p_i \sim q_i$，$i=2, 3, \cdots, s$。

因此结论对任意的正整数 s 均成立，所以分解是唯一的，因此 R 是唯一因子分解整环。

因为主理想整环满足因子链条件,而且不可约元是素元,因此有如下推论。

推论 2.2.4 主理想整环是唯一因子分解整环。

例 2.2.9 整数环 Z 是主理想整环,因此是唯一因子分解整环。

2.3 域和扩域

设 K 是域,F 是 K 的一个非空子集。如果 F 在 K 的运算下也构成一个域,则称 F 为 K 的子域,K 称为 F 的扩域或扩张,记作 K/F。K 的包含 F 的任一子域称为 K/F 的中间域。如果 $K \neq F$,则称 F 为 K 的真子域。不包含任何真子域的域称为素域。因为任意多个子域的交还是一个子域,因此一个域的素域就是该域的所有的子域的交,所以素域即是由元素 1 生成的子域。显然有理数域和 Z_p 是素域,其中 p 为一素数。

设 V 是一个加法群,F 是一个域。对任意的 $\alpha \in F, v \in V$ 都存在一个元素 $\alpha v \in V$ 满足以下性质:$\alpha, \beta \in F, u, v \in V$ 有

(1) $\alpha(u+v) = \alpha u + \alpha v$;

(2) $(\alpha+\beta)u = \alpha u + \beta u$;

(3) $\alpha(\beta u) = (\alpha \beta)u$;

(4) $1 \cdot v = v$。

则称 V 是域 F 上的向量空间或线性空间。若 K 是 F 的扩域,则 K 是 F 上的一个向性空间,此空间的维数称为 K 对 F 的扩张次数,记作 $(K:F)$。当 $(K:F)$ 有限时,称 K 是 F 的有限扩张,否则称为无限扩张。K 作为 F 上的线性空间的基也称为扩张 K/F 的基。

设 K 是域 F 的一个扩域,$f(X) \in F[x]$,如果存在 $a \in K$ 使得 $f(a) = 0$,则称 a 是多项式 $f(x)$ 在 K 中的一个根。$u \in K$,若 u 是 F 上的一个多项式 $f(x)$ 的根,则称 u 是 F 上的代数元,否则称为超越元。域 F 上的一个域扩张 K/F 称为**代数扩张**,如果 K 的每个元素都是 F 上的代数元。$F[x]$ 中满足 $f(u) = 0$ 的次数最小的非零多项式称为 u 在 F 上的极小多项式,极小多项式的次数称为 u 的代数元次数,如果 u 在 F 上的极小多项式的次数是 n,则称 u 是 F 上的一个 n 次代数元。注意 u 在 F 上的极小多项式一定是 $F[x]$ 中的不可约多项式。

设 K 是域 F 的一个扩域,设 S 为 K 的一个非空子集,K 中包含 F 和 S 的所有子域的交记作 $F(S)$,称为 S 在 F 上生成的子域或者称为在 F 上添加 S 得到的子域。用 $F[S]$ 表示一切有限和

$$\sum_{i_1, i_2, \cdots, i_n \geqslant 0} a_{i1 \cdots in} \alpha_1^{i_1} \alpha_2^{i_2} \cdots \alpha_n^{i_n}, \alpha_1, \cdots, \alpha_n \in S$$

组成的集合,$F[S]$ 是 K 的一个子环,$F[S]$ 的商域就是 $F(S)$。

若域 F 的域扩张 K 可以由 F 添加一个元素 α 得到,即 $K = F(\alpha)$,则称 K 为 F 上的**单扩张**。且有

$$F(\alpha)=\{f(\alpha)/g(\alpha)\mid f(x),g(x)\in F[x],g(\alpha)\neq 0\}$$

定义 2.3.1　设 $K_i/F,i=1,2$，为两个域扩张，若存在 K_1 到 K_2 的一个同构（或同态）η，使得 η 限制在 F 上为恒等同构，即对于任意的 $x\in F,\eta(x)=x$，则称 η 为一个 F-同构（或 F-同态）。

设 $\eta:K/F\to K'/F$ 是一个 F-同构，$a\in K$，则 a 在 F 上是代数的当且仅当 $\eta(a)$ 在 F 上是代数的，且 a 和 $\eta(a)$ 有相同的极小多项式。

定理 2.3.1　设 K/F 为一个域扩张，$\alpha\in K$，于是

（1）若 α 在 F 上是代数的，$f(x)\in F[x]$ 为 α 的极小多项式，则 $F(\alpha)=F[\alpha]$ 且 $F(\alpha)\cong F[x]/(f(x))$。

（2）若 α 在 F 上是超越的，则 $F[\alpha]=F[x]$，因而 $F(\alpha)$ 和 $F[x]$ 的商域同构。

证明：对 $g(x)=a_0+a_1x+\cdots+a_nx^n\in F[x]$，做 $F[x]$ 到 $F[\alpha]$ 的映射 σ，

$$\sigma(g(x))=\sigma(a_0)+\sigma(a_1)\alpha+\cdots+\sigma(a_n)\alpha^n$$

首先，这个定义是合理的，即从 $g(x)=h(x)$ 可推出 $\sigma(g(x))=\sigma(h(x))$。设 $h(x)=b_0+b_1x+\cdots+b_mx^m\in F[x]$，容易验证 $\sigma(g(X)+h(x)x=\sigma(g(x))+\sigma(h(x))$ 和 $\sigma(g(X)\cdot h(x))=\sigma(g(x))\cdot\sigma(h(x))$。所以 σ 是 $F[x]$ 到 $f[\alpha]$ 的一个同态且 $\sigma(x)=\alpha$，对任意的 $a\in F,\eta(a)=a$。令 $I=\mathrm{Ker}\eta$，则易知 $I=(f(x))$。不妨设 $f(x)$ 的首项系数为 1（如果 $f(x)\neq 0$）。若 α 是 F 上的代数元，则 $f(x)\neq 0$ 且 $f(x)$ 是一个次数大于零的不可约多项式，因而 $F[x]/I=F[x]/(f(x))\cong F[\alpha]$ 为一域，因为 $F[\alpha]$ 已经是域，所以 $F(\alpha)=F[\alpha]\cong F[x]/(f(x))$。当 α 是 f 上的超越元时，$f(x)=0$，$F[x]\cong F[\alpha]$，所以 $F(\alpha)$ 和 $F[x]$ 的商域相同。

上述定理（1）和（2）中的单扩张分别称为**单代数扩张**和**单超越扩张**。设 $f(x)\in F[x]$，下述定理指出，一定存在 F 的一个扩域 K，使得 $f(x)$ 在 K 中存在一个根。

定理 2.3.2　设 F 是一个域，$p(x)\in F[x]$ 为一 d 次不可约多项式，令 $K=F[x]/(p(x))$，则 $[K:F]=d$，即 K 是 F 的一个 d 次域扩张，且 K 包含 $p(x)$ 的一个根 α，那么

$$1,\alpha,\alpha_2,\cdots,\alpha^{d-1}$$

是 K 作为 F 上的线性空间的一组基。设 $F(\alpha)/F$ 和 $F(\beta)/F$ 为两个单代数扩张，α,β 都是 $p(x)$ 的根，则 $F(\alpha)$ 和 $F(\beta)$ 有一个 F-同构 η 使得 $\eta(\alpha)=\beta$。

证明：显然 K 是一个域。映射 $a\mapsto\bar{a}=a+(p(x))$ 是 F 到 K 的一个单同态，将 a 与 $\bar{a}$ 等同，于是 F 嵌入 K 成为 K 的一个子域。令 $\alpha=\bar{x}=x+(p(x))$，设 $p(x)=a_0+a_1x+\cdots+x^d$，则

$$p(\alpha)=a_0+a_1\alpha+\cdots\alpha^d=a_0+a_1\bar{x}+\cdots+\bar{x}^d=\bar{p}(\bar{x})=\bar{0}$$

所以 $\alpha\in K$ 是 $p(x)$ 的一个根。容易检验 $\alpha,\{1,\alpha,\alpha^2,\cdots,\alpha^{d-1}\}$ 是 F-线性无关的。K 的每个元素都有形式 $f(x)+(p(x))$，由带余除法，$f(x)=q(x)p(x)+r(x),\deg r(x)<\deg p(r)=d$，于是 $f(x)+(p(x))=r(x)=(p(x))$。因此 $\alpha,\{1,\alpha,\alpha^2,\cdots,\alpha^{d-1}\}$ 是一个基，$[K:F]=d$。由定理 2.3.1 的证明可知，$F(\alpha)$ 和 $F(\beta)$ 都 F-同构于 $F[x]/(p(x))$，而且 α,β 都与 $\bar{x}$ 对应，$F(\alpha)$ 和

$F(\beta)$ 有为 F-同构且 α 与 β 对应。

设 K/F 为一域扩张，$\alpha \in K$，则 α 在 F 上是代数的其充分必要条件是存在一个正整数 n 使得 $1, \alpha, \alpha^2, \cdots, \alpha^n$ 在 F 上线性相关。若 α 为 F 上的代数元，则 α 的次数等于最小的正整数 d 使得 $1, \alpha, \alpha^2, \cdots, \alpha^d$ 在 F 上线性相关。进而有限扩张 K/F 一定是代数扩张。

定理 2.3.3 设 $K \supset E \supset F$ 为 F 上的扩张，则 $[K:F]$ 为有限的充要条件是 $[K:E]$ 和 $[E:F]$ 都有限。且在这种情况下有

$$[K:F]=[K:E][E:F]$$

证明：设 $[K:F]=n$。由于 E/F 是 K/F 的子空间，所以 $[E:F] \leqslant [K:F]$。设 $\alpha_1, \alpha_2, \cdots, \alpha_n$ 是线性空间 K 对 F 的一组基，若把 K 看作 E 上的线性空间，则 $\alpha_1, \alpha_2, \cdots, \alpha_n$ 是 K/E 的一组生成元，所以 $[K:E] \leqslant n=[K:F]$。反过来，设 $[K:E]=m$，$[E:F]=r$ 都有限，并设 $\beta_1 \cdots, \beta_m$ 和 $\gamma_1, \cdots, \gamma_r$ 分别是 K/E 和 E/F 的基，则可验证 $\{\beta_i \gamma_j \mid 1 \leqslant i \leqslant m, 1 \leqslant j \leqslant r\}$ 是 K/F 的一组基，所以

$$[K:F]=mr=[K:E][E:F]$$

在任一域扩张 K/F 中 F 上的代数元全体构成一个中间域，称为 F 在 K 中的**代数闭包**。K 中任一不属于此代数闭包的元素在 F 上是超越的。

定义 2.3.2 设 F 为一域，$f(x) \in F[x]$ 为一 $n(n \geqslant 1)$ 次多项式，如果有一个域扩张 K/F 满足：

(1) $f(x)$ 在域 K 内完全分解成一次因式的乘积

$$f(x)=a(x-\alpha_1)\cdots(x-\alpha_n), \quad \alpha_i \in K, \quad c \in F, \quad i=1, \cdots, n;$$

(2) $K=F(\alpha_1, \cdots, \alpha_n)$；

则称 K/F 为 $f(x)$ 的一个分裂域。

设 K 为一域，如果 $K[x]$ 中每一个多项式在 $K[x]$ 中都可以分解成一次因式的乘积，则称 K 为**代数闭域**。复数域 C 是一个代数闭域。实数域 R 不是代数闭域。

定理 2.3.4 任一域 F 上的每一个 $n(n \geqslant 1)$ 次多项式 $f(x)$ 在 F 上有一个分裂域 E，且 $[E:F] \leqslant n!$。

证明：对 n 作归纳法。当 $n=1$ 时，$f(x)=c(x-\alpha)$，$\alpha \in F$，显然 F 本身是 $f(x)$ 的一个分裂域，且 $[F:F]=1 \leqslant 1!$。假设对次数小于 n 的 r 次多项式有分裂域，且其分裂域对 F 的扩张次数 $\leqslant r!$。下面来看 n 次多项式。任取 $f(x)$ 的一个不可约因式 $p(x)$，由定理 2.3.1，存在一个单扩张 K_1/F 使得 $K_1=F(\alpha_1)$，$p(\alpha_1)=0$，于是 $p(x)$ 在 K_1 上有一个一次因式 $(x-\alpha_1)$，因此 $f(x)$ 在 K_1 上至少有一个一次因式，可设

$$f(x)=(x-\alpha_1)(x-\alpha_2)\cdots(x-\alpha_i)f_1(x) \in K_1[x], \quad \alpha_i \in K_1, \quad i=1, \cdots, t, \quad t \geqslant 1$$

此时，$\deg f_1(x)<n$，若 $f_1(x)$ 为常数，则 K_1/F 就是 $f(x)$ 的分裂域。若 $\deg f_1(x)=s \geqslant 1$，则根据数学归纳法假设，$f_1(x)$ 在 K_1 上有一个分裂域 E/K_1，且 $[E:K_1] \leqslant s!$。于是

$$f_1(x)=c(x-\alpha_{r+1})\cdots(x-\alpha_n), \quad \alpha_i \in E, \quad i=r+1, \cdots, n$$

$$E = K_1(\alpha_{r+1}, \cdots, \alpha_n)$$
$$= F(\alpha_1)(\alpha_{r+1}, \cdots, \alpha_n)$$
$$= F(\alpha_1, \cdots, \alpha_r)(\alpha_{r+1}, \cdots, \alpha_n)$$
$$= F(\alpha_1, \cdots, \alpha_r, \cdots, \alpha_n)$$

E/F 就是 $f(x)$ 的一个分裂域,且 $[E:F] \leqslant n!$。

例 2.3.1　设 $F = Q$, $f(x) = x^p - 1$, p 为一素数。则 $f(x) = (x-1)p(x)$, $p(X) = x^{p-1} + x^{p-2} + \cdots + x + 1$。易证 $p(x)$ 在 Q 上不可约。作 $K = Q[x]/(p(x))$。令 $\zeta = \bar{x} = x + (p(x))$。于是 $K = Q(\zeta)$, $\zeta^p = 1$, $\zeta \neq 1$。因为 p 是一素数,ζ 在 K 内生成一 p 阶循环群 $<\zeta> = \{1, \zeta, \cdots, \zeta^{p-1}\}$。而这 p 个元素恰好是 $x^p - 1$ 的全部根,它们称为 p 次单位根。所以 $Q(\zeta) = Q(\zeta, \zeta^2, \cdots, \zeta^{p-1})$ 就是 $x^p - 1$ 的分裂域,它的次数 $[Q(\zeta):Q] = p-1$。

域 F 上一个正次数多项式 $f(x)$ 在它的分裂域 E 内可以唯一地写成
$$f(x) = c(x-\alpha_1)^{e_1} \cdots (x-\alpha_n)^{e_n}, \quad e_i \geqslant 1$$
其中,$\alpha_1, \cdots, \alpha_n \in E$ 两两不同。这种分解与分裂域的选择无关(为什么?)。α_i 称为 $f(x)$ 在 E 内的 e_i 重根,当 $e_i = 1$ 时,α_i 称为**单根**。若 $e_i > 1$,则 α_i 称为**重根**。

为了判断一个根是否重根,我们引入多项式的形式微商。设 $f(x) = a_0 + a_1 x + \cdots + a_n x^n$ 是某一域上的多项式,定义 $f(x)$ 的形式微商 $f'(x)$ 为
$$f'(x) = n a_n x^{n-1} + (n-1) a_{n-1} x^{n-2} + \cdots + a_1$$
这个定义与系数所属的域没有关系。

形式微商具有如下基本性质:

(1) $(f(x) g(x))' = f'(x) + g'(x)$;

(2) $(a f(x))' = a f'(x)$;

(3) $(f(x) \cdot g(x))' = f'(x) \cdot g(x) + f(x) \cdot g'(x)$;

(4) $x' = 1$。

引理 2.3.1　设 $f(x) \in F[x]$, $x = \alpha$ 是 $f(x)$ 在它的分裂域 E 内的一个 k 重根,$k \geqslant 1$。设域 F 的特征为 $\chi(F)$,则

(1) 若 $\chi(F) \nmid k$,则 $x = \alpha$ 是 $f'(x)$ 的 $k-1$ 重根(当 $k = 1$ 时,0 重根意即 $f'(\alpha) \neq 0$)。

(2) 若 $\chi(F) | k$,则 $x = \alpha$ 至少是 $f'(x)$ 的 k 重根。

证明: 在 E 内,$f(x) = (x-\alpha)^k \cdot g(x)$, $g(\alpha) \neq 0$,于是
$$f'(x) = k(x-\alpha)^{k-1} g(x) + (x-\alpha)^k g'(x)$$
$$= (x-\alpha)^{k-1}(k g(x) + (x-\alpha) g'(x))$$
$$= (x-\alpha)^{k-1} q(x)$$
其中,$q(x) = k g(x) + (x-\alpha) g'(x)$。

若 $\chi(F) \nmid k$,则 $k \neq 0$(在 E 内),$(x-\alpha) \nmid q(x)$,所以 $x = \alpha$ 是 $f'(x)$ 的 $k-1$ 重根。若 $\chi(F) | k$,则 $k = 0$(在 E 内),此时,$f'(x) = (x-\alpha)^k g'(x)$, $x = \alpha$ 至少是 $f'(x)$ 的 k 重根。

定理 2.3.5 $F[x]$ 内一个正次数多项式 $f(x)$ 在它的分裂域 E 内无重根的充要条件是 $(f(x), f'(x)) = 1$，即 $f(x)$ 与 $f'(x)$ 互素。

证明：设 $f(x)$ 在 E 内无重根，则 $f(x)$ 在 E 内的每个根 α 都是单根。无论 $\chi(F) = 0$ 或 $p > 0$，总有 $\chi(F) \nmid 1$。由上述引理，α 不是 $f(x)$ 的根。设 $(f(x), f'(x)) = d(x)$，则 $d(x) = 1$，因为否则 $d(x)$ 在 E 内的根将是 $f(x)$ 和 $f'(x)$ 的公共根。反之，设 $f(x)$ 在 E 内有一个 k 重根，$k > 1$。由引理，α 至少是 $f'(x)$ 的 $k-1$ 重根，$k-1 > 0$，因而 α 是 $(f(x), f'(x)) = d(x)$ 的根，$d(x)$ 不是常数，所以 $f(x)$ 和 $f'(x)$ 互素。

推论 2.3.1 一个正次数不可约多项式 $p(x)$ 在它的分裂域内有重根的充要条件是 $p'(x) = 0$。

证明：$p(x)$ 在它的分裂域内有重根的充要条件是 $(p(x), p'(x)) = d(x)$ 非常数，由于 $p(x)$ 是不可约多项式，所以 $d(x) = p(x)$，从而 $p(x) \mid p'(x)$，但是 $p'(x)$ 的次数比 $p(x)$ 低，所以 $p'(x) = 0$。

例 2.3.2 如果域的特征为 $\chi(F) = 0$，则 $F[x]$ 的任一不可约多项式在它的分裂域内只有单根。

这是因为任一不可约多项式 $p(x)$ 的次数大于 0，设不可约多项式

$$p(x) = x^r + a_1 x^{r-1} + \cdots + a_r \in F[x], r > 0$$

于是 $p'(x) = r x^{r-1} + (r-1) a_1 x^{r-2} + \cdots + a_{r-1}$，因为 $\chi(F) = 0$，在 F 内 $r \neq 0$，因而 $p'(x) \neq 0$，由上述推论，$p'(x)$ 在它的分裂域内只有单根。

习 题

1. 如果在群 G 中，每个元素 a 都适合 $a^2 = e$，则 G 是交换群。

2. 如果在群 G 中，对于任意元素 a, b 有 $a^2 b^2 = (ab)^2$，则 G 是交换群。

3. 设 A 是一非空集合，A 上的所有可逆变换在映射的复合下构成一个群，称为 A 上的对称群，记作 S_A。如果 $A = \{1, 2, \cdots, n\}$，S_A 称为 n 次对称群，记作 S_n。求证：$|S_n| = n!$。

4. 确定 S_3 中的所有子群。

5. 确定所有可能的四阶群。

6. 在一个有限群里阶大于 2 的元的个数一定是偶数。

7. 设 G 是 $2n$ 阶群，n 是奇数，则 G 有指数为 2 的正规子群。

8. H, K 都是 G 的子群，令 $HK = \{hk \mid h \in H, k \in K\}$。

求证：HK 是 G 的子群当且仅当 $HK = KH$。

9. 设 H, K 是 G 的两个有限子群，求证：

$$|HK| = \frac{|H| |K|}{|H \cap K|}$$

10. (**子群对应定理**)设 ϕ 是 G 到 G' 的满同态，$K=\mathrm{Ker}\phi$。
$$S=\{H\,|\,H<G,K<H\}$$
$$S=\{N\,|\,N<G'\}$$

则存在一个 S 到 S' 的双射。

11. (**第一同构定理**)设 ϕ 是 G 到 G' 的满同态，$K=\mathrm{Ker}\phi$，HG 且 $K<H$，则
$$G/H\cong G'/\phi(H)\cong\frac{G/K}{H/K}$$

12. (**第二同构定理**)设 G 是群，NG，$H<G$，则
$$HN/N\cong H/(H\cap N)$$

13. 求证循环群的同态像也是循环群。

14. Z 为整数环，在集合 $S=Z\times Z$ 上定义二元运算
$$(a,b)+(c,d)=(a+c,b+d)，\quad (a,b)\cdot(c,d)=(ac+bd,ad+bc)$$
求证：S 在这两个运算下构成一个具有单位元素的环。

15. 设 L 是一个环。$a\in L$ 为非零元素，如果有一个非零元素 b 使得 $aba=0$，求证：a 是一左零因子或右零因子。

16. 设 K 是一个除环，$a,b\in K$，a,b 不等于 0，且 $ab\neq 1$。证明**华罗庚恒等式**
$$a-(a^{-1}+(b^{-1}-a)^{-1})^{-1}=aba$$

17. 设 $\phi:R\to R'$ 是一个满的环同态，N 是它的核。则 ϕ 诱导出 R 的一切包含 N 的子环集合到 R' 的一切子环集合的一个一一对应 $H\mapsto\phi(H)$，而且在这个对应下理想和理想对应。

18. 设 $\phi:R\to R'$ 是一个满的环同态，N 是它的核，H 为 R 的任一包含 N 的理想，则
$$R/H\cong(R/N)/(H/N)$$

19. 设 H 为 R 的一个子环，N 为 R 的一个理想，则
$$H/H\cap N\cong(H+N)/N$$

20. 求证：一个有单位元的交换环至少有一个极大理想。

21. 确定整系数多项式环 $Z[x]$ 中的所有素理想。

22. 设 F 是特征为 p 的有限域，n 是一正整数，对任意的 $a,b\in F$，求证：
$$(a+b)^{p^n}=a^{p^n}+b^{p^n}，\quad (a-b)^{p^n}=a^{p^n}-b^{p^n}$$

23. 证明 $Z[x]$ 中的理想 $(3,x^3+2x^2+2x-1)$ 不是主理想。

24. 证明 $Z[x]$ 中的任一个主理想都不是极大理想。

25. 证明 $f(x)=x^{p-1}+x^{p-2}+\cdots+x+1$ 在 $Z[x]$ 内不可约，其中 p 为素数。

26. 设 $f(x)=x^3-x^2-x-2\in Q[x]$，求 $f(x)$ 在 Q 上的分裂域。

27. 设 R 是一个唯一因子分解整环，$f(x)=a_0+a_1x+\cdots+a_nx^n\in R[x]$ 且 $f(x)\neq 0$。如果 $(a_0,a_1,\cdots,a_n)\sim 1$，则称 $f(x)$ 是本原多项式。求证高斯引理：两个本原多项式之积仍为本原多项式。

28. 设 R 是一个唯一因子分解整环,求证 $R[x]$ 也是唯一因子分解整环。

29. 设 R 是一个唯一因子分解整环,F 是 R 的商域,$f(x) \in R[x]$,$\deg f(x) \geqslant 1$ 是本原多项式,则 $f(x)$ 在 $R[x]$ 中可约当且仅当 $f(x)$ 在 $F[x]$ 中可约。

30. 设 R 是一个唯一因子分解整环,F 是 R 的商域,$f(x) = \sum_{i=0}^{n} a_i x^i \in R[x]$,若 $\dfrac{r}{s} \in F$,$(r,s) \sim 1$ 是 $f(x)$ 在 F 上的一个根,则 $r \mid a_n$,$s \mid a_0$。

31. **(Eisenstein 判别法)** 设 R 是一个唯一因子分解整环,F 是 R 的商域,$f(x) = \sum_{i=0}^{n} a_i x^i \in R[x]$,$a_n \neq 0$,$n > 1$。如果 R 有一个不可约元 p 满足:$p \mid a_i$,$i = 0, 1, \cdots, n-1$ 且 $p a_n$,$p^2 a_0^2$,则 $f(x)$ 在 $F[x]$ 中不可约。

32. 举例说明环上的多项式和域上的多项式有哪些不同点。

33. 求 $f(x) = x^4 - 2$,$g(x) = x^3 - 2$ 在 Q 上的分裂域,并计算扩张次数。

34. 求 $f(x) = (x^2 - 3)(x^2 - 5)$ 在 Q 上的分裂域,并计算扩张次数。

35. 设 F 为一域,$F^* = F - \{0\}$,则 F^* 的任一有限子群都是循环群。

36. 求证:$x^5 + x + 1$ 在 $Z_2[x]$ 中不可约。

37. 考虑定义在 Z_p 上的圆 $\tilde{x} + \tilde{y} = 1$ 上的点构成的集合 C_p,试在 C_p 上定义一个二元运算,使得 C_p 在这个运算下构成一个群,并计算 $|C_p|$。

38. 把上面的圆换成任意的二次曲线,考虑同样的问题。

第3章　有限域初步

有限域是现代代数学的重要分支之一,有限域有着许多其他域所没有的特殊性质。有限域的理论最早可追溯到费尔马(Fermat,1601—1665)、欧拉(Euler,1707—1783)和高斯(Gauss,1777—1855),他们实际上研究了具有素数个元素的有限域。有限域的一般理论则主要是从伽罗华(Galois,1811—1832)的工作开始。1830 年,他在 p 元有限域的基础上,利用域扩张的理论构造出全部可能的有限域,并证明了有限域的个数一定是某个素数的幂,正因如此,有限域也称为 Galois 域。

有限域除具有通常的域所具有的一般性质,还具有许多独特的性质。有限域具有许多优美的特性,在组合设计、编码理论、密码理论、计算机代数和通信系统等许多领域有着广泛的应用。特别是近几十年,随着计算机技术的蓬勃发展,有限域的地位越加重要。有限域已经成为许多应用研究的数学家和许多工程技术人员不可或缺的数学工具。

这里我们介绍有限域的基本概念,包括有限域的结构定理、有限域上的迹和范数、分圆多项式等。有限域的最完整的参考书是[11],另外也可参看[2,3]。

3.1　有限域的结构

设 F 是域,K 是 F 的一个非空子集。如果相对于 F 中的运算,K 也构成一个域,则称 K 为 F 的子域,F 为 K 的扩域。如果 $F \neq K$,则称 F 为 K 的真子域。不包含任何真子域的域称为素域。

设 e 是域 F 的单位元素,如果对于任意正整数 m,都有 $me \neq 0$,我们就说 F 的特征是 0。如果存在正整数 m,使得 $me = 0$,那么适合 $pe = 0$ 的最小的正整数 p 称为域 F 的特征,或者说 F 是特征 p 的域。我们知道 F 的特征或者是 0,或者是一个素数 p。注意 Q, R 和 C 都是特征 0 的域,而 Z_p 是特征 p 的域。容易看出,域 F 的单位元素 e 通过加法生成 F 的一个子环

$$F_0 = \{ne \mid n \in Z\}$$

当 F 的特征为 0 时,$F_0 \cong Z$,因为 F_0 的分式域与有理数域 Q 同构,将 ne 与 n 等同,则 Q 可看作 F 的子域,是 F 的素域。

当 F 的特征为 p 时,$F_0 \cong Z_p$,于是 Z_p 可看作 F 的子域,是 F 的素域。也即,对任意的域 F,用 F_0 表示 F 的素域,那么当 F 的特征为 0 时,F_0 与 Q 同构;当 F 的特征为素数

p 时，F_0 与 Z_p 同构。

因此，如果 F 是一个有限域，那么它的特征一定不等于 0。这是因为如果它的特征等于 0，那么它的素域 F_0 就与有理数域同构，而有理数域是一个无限域，因此这时 F 也是无限域，这就出现了矛盾。设 F 和 F' 是两个同构的域，那么 F 和 F' 的特征一定相等（为什么?）。下面证明这个只有在特征 p 的域里才成立的运算规则。

性质 3.1.1 设 F 是特征 p 的域，a 和 b 是 F 中任意两个元素。那么

$$(a+b)^p = a^p + b^p$$

证明:根据二项式定理，我们有

$$(a+b)^p = \sum_{i=0}^{p} \binom{p}{i} a^{p-i} b^i$$

因为

$$\binom{p}{i} = \frac{p!}{i!\,(p-i)!}$$

是 p 中取 i 的组合数，所以一定是个整数。显然 $p \mid p!$。又因为是 p 素数，所以当 $0 < i < p$ 时，一定有 $p i!$ 和 $p(p-1)!$。因此 $p i!\,(p-i)!$。所以，当 $0 < i < p$ 时，

$$p \mid \binom{p}{i}$$

于是，当 $0 < i < p$ 时，

$$\binom{p}{i} a^i b^{p-i} = 0$$

因此

$$(a+b)^p = a^p + b^p$$

推论 3.1.1 设 F 是特征 p 的域，a 和 b 是 F 中任意两个元素。那么

$$(a-b)^p = a^p - b^p$$

证明:根据性质 3.1.1，我们有

$$(a-b)^p = (a+(-b))^p = a^p + (-b)^p$$
$$= a^p + ((-1)b)^p = a^p + (-1)^p b^p$$

当 $p > 2$ 时，p 是一个奇数，我们有 $(-1)^p = -1$。因此

$$(a-b)^p = a^p - b^p$$

当 $p = 2$ 时，对任意的 $a \in F$，有 $2a = 0$。因此 $a = -a$。从而也有

$$(a-b)^2 = a^2 + b^2 = a^2 - b^2$$

推论 3.1.2 设 F 是特征 p 的域，$a_1, a_2, \cdots, a_m$ 是 F 中任意 m 个元素。那么

$$(a_1 + a_2 + \cdots + a_m)^p = a_1^p + a_2^2 + \cdots + a_m^p$$

推论 3.1.3 设 F 是特征 p 的域，a 和 b 是 F 中任意两个元素，n 是任意非负整数。

那么
$$(a \pm b)^{p^n} = a^{p^n} \pm b^{p^n}$$

以上两个推论可分别通过对 m 和 n 作数学归纳法加以证明,细节请读者自行补出。

定义 3.1.1　设 F 是一个域。从 F 到它自身的同构称为 F 的自同构。

显然,将 F 中任一元素都映到它自身的恒等映射
$$a \mapsto a, \quad \forall a \in F$$

是 F 的一个自同构,这个自同构称为恒等自同构。

推论 3.1.4　设 F 是特征 p 的域,n 是任意非负整数。那么从 F 到它自身的映射
$$\sigma_n : a \mapsto a^{p^n} (a \in F)$$

是 F 的一个自同构。

证明: 首先证明 σ_n 是一个双射。设 $\sigma_n(a) = \sigma_n(b)$,即 $a^{p^n} = b^{p^n}$。那么由推论 3.1.3,我们有 $(a-b)^{p^n} = a^{p^n} - b^{p^n} = 0$,因此 $a-b=0$,即 $a=b$。因此 σ_n 是一个单射。又因为 F 的元素的个数是有限的,所以 σ_n 也是一个满射。因 σ_n 此是从 F 到 F 的一个双射。其次,由推论 3.1.3,我们有
$$(a+b)^{p^n} = a^{p^n} + b^{p^n}$$

因此
$$\sigma_n(a+b) = \sigma_n(a) + \sigma_n(b)$$

由乘法交换律,我们有
$$(ab)^{p^n} = a^{p^n} b^{p^n}$$

这证明了 σ_n 是 F 的一个自同构。

p^m 个元素的有限域习惯记成 $\mathrm{GF}(p^m)$ 或 $F_q, q = p^m$。$\sigma : x \mapsto x^p$ 是 $\mathrm{GF}(p^m)$ 的一个自同构,称为 $\mathrm{GF}(p^m)$ 的佛罗贝尼乌斯(Frobenius)自同构,这是有限域上最重要的一个自同构。作为 Frobenius 自同构的一个推论,$\mathrm{GF}(p^m)$ 中的每个元素 a 可以开 p 次方。

由循环群的性质可证下面的定理。

定理 3.1.1　任一有限域的乘法群都是循环群。

证明: 设 F 是一个 q 元有限域,那么它的乘法群 F^* 是一个 $q-1$ 阶的有限交换群。对于 $q-1$ 的每个因子 d,$x^d - 1$ 在 F 最多有 d 个不同的根,因此 F^* 中最多有 d 个元素,其阶整除 d,于是 F^* 是一个循环群。

定义 3.1.2　有限域的乘法群的生成元称为这个有限域的本原元。

推论 3.1.5　设 F 是一个 q 元有限域,那么 F 总共有 $\phi(q-1)$ 个本原元,其中 ϕ 为欧拉函数。

下面给出有限域上离散对数问题的定义。

定义 3.1.3　设 F_q 是 q 一元有限域,g 是 F_q 的一个本原元。有限域 F_q 中的离散对数问题是指:给定 F_q 中的一个非零元素 h,求解正整数 n,使得

$$h = g^n$$

我们把 n 称为 h 相对于本原元 g 的离散对数,记作 $n = \log_g h$。

离散对数问题历史悠久,但未曾有过有效的求解算法,人们普遍认为这个问题极其困难,而被广泛应用于密码协议的设计。

由前面学过的知识知道,对每个素数 p 都有一个特征 p 的域,即整数模 p 的剩余类域 $F_p = Z/pZ$。下面的定理是有限域的结构定理。

定理 3.1.2 对每个素数 p 和任一正整数 n,存在一个唯一的 p^n 个元素的有限域,它就是 $x^{p^n} - x$ 在 F_p 上的分裂域。除此之外无其他 p^n 个元素的有限域。

证明: 设 E 是 $x^{p^n} - x$ 在 F_p 上的分裂域。首先证明 x^{p^n} 在 E 内有 p^n 个不同的根。由于微商 $(x^{p^n})' = p^n x^{p^n - 1} - 1 = -1$,且 $-1 \neq 0$,所以 $x^{p^n} - x$ 只有单根。于是 $x^{p^n} - x$ 在 E 内有 $q = p^n$ 个不同的根。设为 $\alpha_1, \cdots, \alpha_q$。令 $K = \{\alpha_1, \cdots, \alpha_q\}$。下证 K 是 E 的一个子域。对于 $\alpha, \beta \in K$,有 $\alpha^{p^n}, \beta^{p^n} = \beta$,于是

$$(\alpha - \beta)^{p^n} = \alpha - \beta$$

$$\left(\frac{\alpha}{\beta}\right)^{p^n} = \frac{\alpha^{p^n}}{\beta^{p^n}} = \frac{\alpha}{\beta}, \quad \beta \neq 0$$

从而 $\alpha - \beta, \frac{\alpha}{\beta}(\beta \neq 0)$ 属于 K,显然 $0, 1$ 属于 K。所以 K 是 E 的子域。而 K 是 p^n 的元素的有限域。这就证明了定理的存在性部分。至于 $K = E$ 则是显然的。

下面证定理的唯一性。设 K 为一个特征 p 的有限域。于是 K 包含 F_p 作为子域。K 自然地可以看成 F_p 上的有限维线性空间。设 K 对 F_p 的维数为 n,$u_1, \cdots, u_n$ 为它的一个基。于是 K 的每个元素 α 可唯一地表成 $u_1, \cdots, u_n$ 的线性组合

$$\alpha = a_1 u_1 + \cdots + a_n u_n, \quad a_i \in F_p$$

$a_1, \cdots, a_n$ 可以独立地取 $0, 1, \cdots, p - 1$。因而 K 恰由 p^n 个元素组成。因而这对 K 的基数作了规定。K 的基数只能是它的特征的一个方幂,幂指数等于 K 对 F_p 的维数,也是 K 对 F_p 的次数。其次,K 的全部非零元素 K^* 组成一个 $p^n - 1$ 阶乘法群。根据拉格朗日定理,K^* 的每个元素都是方程 $x^{p^n - 1} = 1$ 的根,因而 K 的每个元素都是 $x^{p^n} - x = 0$ 的根。但是 $x^{p^n} - x = 0$ 在 K 内最多有 p^n 个根,所以 K 的元素恰好是 $x^{p^n} - x$ 的全部根。由于 $F_p \subset K$,可知 K 是 $x^{p^n} - x$ 在 F_p 上的分裂域。

由上述定理及其他的证明可知,若 F 是一个特征 p 的有限域,那么 F 的元素个数一定是 p 的一个幂。进一步的,可以得到如下推论。

推论 3.1.6 设 F 是一个有限域,它包含有一个 q 元的有限域 F_q 作为子域,那么 F 的元素个数一定 q 是的一个幂。F_q 中的每个元素 α 都适合条件 $\alpha^q = \alpha$。如果 F 中的元素 β 适合 $\beta^q = \beta$,那么 $\beta \in F_q$。

推论 3.1.7 设 F_{p^n} 是 p^n 元有限域。F_1 是 F_{p^n} 的一个子域,那么 F_1 的元素个数一定

是 p^m,其中 m 为 n 的某一个因子。反过来,对 n 的任一个因子 m,F_{p^n} 有唯一的一个含 p^m 个元素的子域。设 F_{p^m} 和 $F_{p^{m'}}$ 都是 F_{p^n} 的子域,那么 $F_{p^m} \subset F_{p^{m'}}$ 当且仅当 $m \mid m'$。

例 3.1.1 设 F_q 是 q 元有限域,$f(x)$ 是 F_q 上的一个 n 次不可约多项式,对任意的 $a(x),b(x) \in F_q[x]/(f(x))$,规定

$$a(x) + b(x) = (a(x) + b(x)) \bmod f(x), \quad a(x) \cdot b(x) = (a(x)b(x)) \bmod f(x)$$

那么 $F_q[x]/(f(x))$ 在上述规定的加法运算和乘法运算下是一个含 q^n 个元素的有限域。因为 $x \in F_q[x]/(f(x))$,所以 $x^{q^n} - x = 0 \bmod f(x)$,即 $f(x) \mid (x^{q^n} - x)$。

例 3.1.2 令 $f(X) = x^4 + x^2 + 1$,则 $f(X)$ 是 $F_2[x]$ 上的不可约多项式。从而在同构意义下,$F_2[x]/(f(x)) = F_{16}$。进一步,x 是 F_{16}^* 的一个本原元,这是因为 $|F_{16}^*| = 15 = 3 \cdot 5$,而 $x^3, x^5 \not\equiv 1 \bmod x^4 + x^2 + 1$。对 $0 \leqslant i \leqslant 14$,在 F_{16} 中,可计算

$$x^0 = 1 \quad x^1 = x \quad x^2 = x^2$$
$$x^3 = x^3 \quad x^4 = x+1 \quad x^5 = x^2 + x$$
$$x^6 = x^3 + x^2 \quad x^7 = x^3 + x + 1 \quad x^8 = x^2 + 1$$
$$x^9 = x^3 + x \quad x^{10} = x^2 + 1 + 1 \quad x^{11} = x^3 + x^2 + x$$
$$x^{12} = x^3 + x^2 + x + 1 \quad x^{13} = x^3 + x^2 + 1 \quad x^{14} = x^3 + 1$$

下面定理表明有限域上存在任意次的不可约多项式。

定理 3.1.3 对任意的有限域 F_q 和正整数 n,一定存在 F_q 上的 n 次不可约多项式。

证明:由上述定理知存在有限域 F_{q^n},且 $[F_{q^n} : F_q] = n$。设 $\zeta \in F_{q^n}$ 是 F_{q^n} 的本原元,则 $F_q(\zeta) \subset F_{q^n}$。又由于 $\zeta \in F_{q^n}$ 是 F_{q^n} 的本原元,所以 $F_{q^n} \subset F_q(\zeta)$,因此 $F_{q^n} = F_q(\zeta)$。从而 ζ 的极小多项式的次数为 n,是 F_q 上的一个不可约多项式。

设 a 和 b 是两个整数,而 $b \neq 0$。由带余除法,a 可以唯一表示成

$$a = qb + r, \quad 0 \leqslant r \leqslant |b|$$

记 $r = (a)_b$。

定理 3.1.4 设 F 是 q^n 元有限域,F_q 是它的一个子域。设 α 在 F^* 中的阶为 k,则 $(q,k) = 1$。再假定 $(q)_k$ 在 Z_k^* 中的阶为 m,那么 α 在 F_q 上的极小多项式 $f(x)$ 就是 m 次的,$\alpha, \alpha^q, \alpha^{q^2}, \cdots, \alpha^{q^{m-1}}$ 就是 $f(x)$ 的 m 个两两不同的根,而且它们在 F^* 中的阶都是 k。

证明:设 α 在 F^* 中的阶为 k,因为 $|F| = q^n$,所以 $\alpha^{q^n - 1} = 1$ 且 $k \mid (q^n - 1)$。因为 $\gcd(q^n - 1, q) = 1$,因此 $\gcd(q,k) = 1$。于是 $(q)_k \in Z_k^*$。

将 α 在 F_q 上的极小多项式 $f(x)$ 写成

$$f(x) = a_0 + a_1 x + a_2 x^2 + \cdots + a_{t-1} x^{t-1} + x^t, \quad a_i \in F_q$$

那么

$$f(\alpha) = a_0 + a_a \alpha + a_2 \alpha^2 + \cdots + a_{t-1} \alpha^{t-1} + \alpha^t = 0$$

因为 q 是 F 的特征的一个幂,所以

$$0 = f(\alpha)^q$$
$$= a_0^1 + a_1^q \alpha^q + a_2^q (\alpha^2)^q + \cdots + a_{t-1}^q (\alpha^{t-1})^q + (\alpha^t)^q$$
$$= a_0 + a_1 \alpha^q + a_2 (\alpha^q)^2 + \cdots + a_{t-1} (\alpha^q)^{t-1} + (\alpha^q)^t$$

这就是说，α^q 也是 $f(x)$ 的一个根。同理可知，$\alpha^{q^2}, \alpha^{q^3}, \cdots$ 都是 $f(x)$ 的根。

再设 $(q)_k$ 在 Z_k^* 中的阶是 m，即 $(q)_k^m = 1$，于是 $k \mid (q^m - 1)$，因而 $\alpha^{q^m - 1} = 1$，因此

$$\alpha^{q^m} = \alpha$$

再证 $\alpha, \alpha^q, \alpha^{q^2}, \cdots, \alpha^{q^{m-1}}$ 这 m 个元素两两不同。假定 $\alpha^{q^i} = \alpha^{q^j}$，$0 \leqslant i \leqslant j \leqslant m-1$，那么 $\alpha^{q^i - q^j} = 1$。于是 $k \mid (q^i - q^j)$，因为 $\gcd(q, k) = 1$，所以 $k \mid (q^{j-i} - 1)$，即 $(q)_k^{j-i} = 1$，因此 $m \mid (j-i)$，所以 $i = j$。这就证明了 m 个元素

$$\alpha, \alpha^q, \alpha^{q^2}, \cdots, \alpha^{q^{m-1}}$$

是 $f(x)$ 的 m 个两两不同的根。

令

$$g(x) = (x - \alpha)(x - \alpha^q)(x - \alpha^{q^2}) \cdots (x - \alpha^{q^{m-1}})$$
$$= b_0 + b_1 x + b_2 x^2 + \cdots + b_m x^m$$

其中，

$$b_i = g_i(\alpha, \alpha^q, \cdots, \alpha^{q^{m-1}}) \in F$$

而 $g_i(x_0, x_1, \cdots, x_{m-1})$ 是 F_q 上的 m 个未定元 $x_0, x_1, \cdots, x_{m-1}$ 的多项式。因为 $\alpha^{q^m} = \alpha$，所以

$$g(x) = (x - \alpha^q)(x - \alpha^{q^2}) \cdots (x - \alpha^{q^{m-1}})(x - \alpha^{q^m})$$

于是对于 $i = 0, 1, 2, \cdots, m$，有

$$b_i = g_i(\alpha^q, \alpha^{q^2}, \cdots, \alpha^{q^{m-1}}, \alpha^{q^m})$$
$$= (g_i(\alpha, \alpha^q, \cdots, \alpha^{q^{m-1}}))^q$$
$$= b_i^q$$

因此，对任意的 i，$b_i \in F_q$，于是 $g(x) \in F_q[x]$。又因为 $g(x)$ 的根都是 $f(X)$ 的根，所以 $g(x) \mid f(x)$。又因为 $f(x)$ 不可约，所以 $f(x) = g(x)$。这证明了 $f(x)$ 是 m 次多项式，并且 $\alpha, \alpha^q, \alpha^{q^2}, \cdots, \alpha^{q^{m-1}}$ 是它的 m 个两两不同的根。又因为 $\gcd(q, k) = 1$，所以对任意的 $0 \leqslant i \leqslant m-1$，$\alpha^{q^i}$ 都是 F^* 中阶为 k 的元素。

设 F_q 是 q 元有限域。$f(x)$ 是 F_q 上的一个 n 次不可约多项式，并假定 $f(x) \neq x$。可以把 F_q 看作 F_{q^n} 的一个子域，譬如取 $F_{q^n} = F_q[x]/(f(x))$，那么 $f(x) \mid (x^{q^n} - x)$。因此 $f(x)$ 的 n 个根都在 F_{q^n} 中。因为 $f(x) \neq x$ 且不可约，所以

$$f(x) \mid (x^{q^n - 1} - 1)$$

因此 $f(x)$ 的根都是 $x^{q^n - 1} - 1$ 的根，于是都属于 $F_{q^n}^*$。不失一般性，可以假定 $f(x)$ 是一个首一多项式（即首项系数是 1 的多项式），所以它是它的任意一个根 F_q 在上的极小多项式。且 $f(x)$ 的 n 个根在 $F_{q^n}^*$ 中的阶相同。

定义 3.1.4 $f(x)$ 是 q 元有限域 F_q 上的一个 n 次不可约多项式,且 $f(x) \neq x$。$f(x)$ 的周期定义为 $f(x)$ 在 F_{q^n} 中的 n 个根在 $F_{q^n}^*$ 中的公共阶。$f(x)$ 的指数定义为用它的周期去除 $q^n - 1$ 的商。如果 $f(x)$ 的周期是 $q^n - 1$,那么 $f(x)$ 就称为 F_q 上的本原多项式。也即,若 $f(x)$ 的根都是 $F_{q^n}^*$ 的本原元,那么 $f(x)$ 就称为本原多项式。

显然,$f(x)$ 的周期恰好是 x 在群 $F_q[x]/(f(x))^*$ 中的阶,而 $f(x)$ 的指数等于 $|F_q[x]/(f(x))^*| / |(X)|$。

定义 3.1.5 设 $F_q \subset F_{q^n}$,$\alpha \in F_{q^n}$,则称 $\alpha, \alpha^q, \cdots, \alpha^{q^{n-1}}$ 为 α 相对于 F_q 的共轭元。

显然,如果 α 是 F_q 的本原元,则 α 的共轭元也是本原元。因为任一有限域的乘法群是循环群,所以 F_{q^n} 一定有本原元。设 ζ 是 F_{q^n} 的一个本原元,那么 ζ 在 F_q 上的极小多项式

$$f(x) = (x - \zeta)(x - \zeta^q)(x - \zeta^{q^2}) \cdots (x - \zeta^{q^{n-1}})$$

就是 F_q 上的 n 次本原多项式。因此,对任意的正整数 n,有限域的 F_q 上都存在 n 次本原多项式。

定义 3.1.6 设 $f: \to F_q$ 是一个映射,且 f 是一个多项式函数,如果 f 是一一映射,就称 f 是一个置换多项式。

例如,$f(x) = x + a$ 是 F_q 到其自身的一个置换,从而是一个置换多项式。

性质 3.1.2 当且仅当 $(m, q-1) = 1$ 时,F_q 到其自身的映射 $x \to x^m$ 是一个置换多项式。

证明: 设 g 是 F_q^* 的一个生成元,则当且仅当 $(m, q-1) = 1$ 时,g^m 生成 F_q^*,从而命题得证。

例 3.1.3 若 F_q 的特征为 p,则 Frobenius 自同构 $x \to x^p$ 是一个置换多项式。

3.2 迹和范数

迹和范数是域论和代数中经常遇到的重要概念,有许多重要的性质可以通过迹与范数反映出来。

定义 3.2.1 设 $K = F_q$ 是 q 元有限域,$F = F_{q^n}$,σ 是 F_q 的 q-次 Frobenius 自同构,即对于任意的 $x \in F$,$\sigma(x) = x^q$。对于任一 $\alpha \in F$,令

$$\mathrm{Tr}_{F/K}(\alpha) = \alpha + \alpha^q + \cdots + \alpha^{q^{n-1}} = \sum_{i=1}^{n-1} \sigma(\alpha)$$

$$N_{F/K}(\alpha) = \prod_{i=1}^{n-1} \sigma(\alpha) = \alpha^{\frac{q^n - 1}{q-1}}$$

则称 $\mathrm{Tr}_{F/K}(\alpha)$ 是 α 的迹(Trace),称 $N_{K/F}(\alpha)$ 是 α 的范数(norm)。在不至于引起混淆的情况下,它们可分别记作 $\mathrm{Tr}(\alpha)$ 和 $N(\alpha)$。

迹映射满足下面的基本性质。

定理 3.2.1 设 $K=F_q, F=F_{q^n}, \alpha, \beta \in F, c \in K$。那么

(1) $\mathrm{Tr}_{F/K}(\alpha) \in K$。

(2) $\mathrm{Tr}_{F/K}(\alpha+\beta)=\mathrm{Tr}_{F/K}(\alpha)+\mathrm{Tr}_{F/K}(\beta)$。

(3) $\mathrm{Tr}_{F/K}(c\alpha)=c\mathrm{Tr}_{F/K}(\alpha)$。

(4) $\mathrm{Tr}_{F/K}(c)=nc$。

(5) $\mathrm{Tr}_{F/K}(\alpha^q)=\mathrm{Tr}_{F/K}(\alpha)$。

(6) $\mathrm{Tr}_{F/K}$ 是 F 到 K 上的线性变换。

证明：我们只证性质(6)，其他性质有读者自行证明。由性质(1)和(2)，知 $\mathrm{Tr}_{F/K}$ 是一个线性映射，只需证 $\mathrm{Tr}_{F/K}$ 是一个满射。首先，存在 $\alpha \in F$，使得 $\mathrm{Tr}_{F/K}(\alpha) \neq 0$。这是因为 $\mathrm{Tr}_{F/K}(\alpha)=0$ 等价于 α 是方程 $x^{q^{n-1}}+\cdots+x^q+x=0$ 的根，而该方程在 F 最多有 q^{n-1} 个根，而 $|F|=q^n$。假设 $b=\mathrm{Tr}_{F/K}(\beta) \neq 0$，那么 $b \in K$。对任意的 $a \in K$，$\mathrm{Tr}_{F/K}(ab^{-1}\alpha)=(ab^{-1})\mathrm{Tr}_{F/K}(\alpha)=(ab^{-1})b=a$，因此 $\mathrm{Tr}_{F/K}$ 是 F 到 K 的一个满射。

定义 3.2.2 设 α 是 F_{q^n} 的任一元素，$f(x)$ 是 α 在 F_q 上的极小多项式，并且 $\deg f(x)=m$，那么 $m|n$。设 $g(x)=f(x)^{\frac{n}{m}}$，那么 $g(x)$ 称为 α 在 F_q 上的特征多项式。显然 $\deg g(x)=n$。

证明：设 α 在 F_q 上的极小多项式为 $f(X)$ 且 $\deg f(X)=m$。那么 $\alpha, \alpha^q, \cdots, \alpha^{q^{m-1}}$ 是 $f(x)$ 的 m 个两两不同的根，并且 $\alpha^{p^m}=\alpha$。由定义，$g(x)=f(x)^{\frac{n}{m}}$，因此 $\alpha, \alpha^q, \cdots, \alpha^{p^n}$ 是 $g(x)$ 的所有的 n 个根。于是

$$g(x)=(x-\alpha)(x-\alpha^q)\cdots(x-\alpha^{q^{n-1}})$$
$$=x^n+a_{n-1}x^{n-1}+\cdots+a_1x+a_0$$
$$=b_i^q$$

因此，

$$\mathrm{Tr}(\alpha)=-a_{n-1}$$

定理 3.2.2 设 F 是 q 元有限域 F_q 的 n 次扩张。那么
$$\mathrm{KerTr}_{F/F_q}=\{\beta^q-\beta | \beta \in F\}$$

证明：显然有 $\beta^q-\beta \in \mathrm{KerTr}_{F/F_q}$。反之，假设对于某个 $\alpha \in F$，$\mathrm{Tr}_{F/F_q}(\alpha)=0$。考察多项式

$$f(x)=x^q-x-\alpha$$

并设 $g(x)$ 是 $f(x)$ 在 F 上的一个不可约因式。设 β 是 $g(x)$ 的一个根，那么 $F(\beta)=F[x]/(g(x))$。于是 $\beta^q-\beta=\alpha$，并且

$$0=\mathrm{Tr}_{F/F_q}(\alpha)$$
$$=\alpha+\alpha^q+\cdots+\alpha^{q^{n-1}}$$
$$=(\beta^q-\beta)+(\beta^q-\beta)^q+\cdots+(\beta^q-\beta)^{q^{n-1}}$$
$$=\beta^{p^n}-\beta$$

对于范数,我们有下面的基本性质。

定理 3.2.3 设 α 是 F_{q^n} 的任一元素,而

$$g(x) = x^n + a_{n-1}x^{n-1} + \cdots + a_1 x + a_0$$

是 α 在 F_q 上的特征多项式。那么

$$N(\alpha) = (-1)^n a_0$$

定理 3.2.4 设 $K = F_q$,$F = F_{q^n}$,$\alpha, \beta \in F$,$c \in F$。那么

(1) $N_{F/K}(\alpha) \in K$;

(2) $N_{F/K}(\alpha + \beta) = N_{F/K}(\alpha) + N_{F/K}(\beta)$;

(3) $N_{F/K}(c\alpha) = c^n N_{F/K}(\alpha)$;

(4) $N_{F/K}(c) = c^n$;

(5) $N_{F/K}(\alpha^q) = N_{F/K}(\alpha)$;

(6) $N_{F/K}$ 是 F 到 K 的满射,也是 F^* 到 K^* 的满射;

(7) $\text{Ker} N_{F/K} = \{\beta \in F^* \mid \beta^{(n-1)/(q-1)} = 1\}$。

该定理的证明留给读者自行完成。

相对于域的包含关系,迹和范数有下面的传递性。

定理 3.2.5 设 K 为有限域,F 为 K 的有限扩张,E 为 F 的有限扩张,那么,对任意的 $\alpha \in E$,有

$$\text{Tr}_{E/K}(\alpha) = \text{Tr}_{F/K}(\text{Tr}_{E/F}(\alpha))$$

且

$$N_{E/K}(\alpha) = N_{F/K}(N_{E/F}(\alpha))$$

证明: 设 $K = F_q$,$[F:K] = m$ 和 $[E:F] = n$,那么 $[E:K] = mn$。对任意的 $\alpha \in E$,我们有

$$\text{Tr}_{F/K}(\text{Tr}_{E/F}(\alpha)) = \sum_{i=0}^{m-1} \text{Tr}_{F/F}(\alpha)^{q^i} = \sum_{i=0}^{m-1} \left(\sum_{j=0}^{n-1} \alpha^{q^{jm}} \right)^{q^j}$$

$$= \sum_{i=0}^{m-1} \sum_{j=0}^{n-1} \alpha^{q^{jm+i}} = \sum_{k=0}^{mn-1} \text{Tr}_{E/K}(\alpha)$$

$$N_{F/K}(\text{Tr}_{E/F}(\alpha)) = N_{F/K}(\alpha^{(q^{mn}-1)/(q^m-1)})$$

$$= (\alpha^{(q^{mn}-1)/(q^m-1)})^{(q^m-1)/(q-1)}$$

$$= \alpha^{q^{(mn-1)/(q-1)}} = N_{E/K}(\alpha)$$

定义 3.2.3 设 K 是有限域,F 是 K 的有限扩张,称 F 在 K 上的两组基 $\{\alpha_1, \cdots, \alpha_n\}$ 和 $\{\beta_1, \cdots, \beta_n\}$ 是对偶的(dual),如果对 $1 \leqslant i,j \leqslant n$ 有

$$\text{Tr}_{F/K}(\alpha_i \beta_j) = \begin{cases} 0, & i = j \\ 1, & i \neq j \end{cases}$$

例 3.2.1 设 $\alpha \in F_8$ 是不可约多项式 $x^3 + x^2 + 1 \in F_2[x]$ 的一个根,则 $\{\alpha, \alpha^2, 1 + \alpha +$

α^2 }是 F_8 在 F_2 上的一组基,且由它唯一决定的一组对偶基是它自己,这样的对偶基称为自对偶基。

3.3 分圆多项式

定义 3.3.1 设 n 是一正整数,K 是域。x^n-1 在 K 上的分裂域称为 K 上的 n 次分圆域(Nth cyclotomic Field),记作 $K^{(n)}$。x^n-1 在 $K^{(n)}$ 中的根称为 K 上的 n 次单位根,把所有的单位根组成的集合记作 $E^{(n)}$。

定理 3.3.1 设 n 是一正整数,K 是一个特征为 p(可能为 0)的域。则

(1) 如果 pn,则 $E^{(n)}$ 对于 $K^{(n)}$ 中的乘法运算构成一个 n 阶循环群。

(2) 如果 $p|n$,令 $n=m \cdot p^e$,其中 e,m 为正整数,且 $p \nmid m$。则 $K^{(n)}=K^{(m)}$,$E^{(n)}=E^{(m)}$,而且 x^n-1 在 $K^{(n)}$ 中的根正好是 $E^{(m)}$ 的 m 个元素,每个元素重复 p^e 次。

证明:

(1) $n=1$ 时定理是平凡的。现设 $n \geqslant 2$,则 x^n-1 和它的微商 nx^{n-1} 没有公共根,因此 x^n-1 没有重根,因而 $|E^{(n)}|=n$。假设 $\zeta, \eta \in E^{(n)}$,则 $\zeta^n=\eta^n=1$,$(\zeta\eta^{-1})^n=\zeta^n(\eta^{-1})^n=(\eta^n)^{-1}=1$,因此 $\zeta\eta^{-1} \in E^{(n)}$,所以 $E^{(n)}$ 是一个 n 阶乘法群。我们已知任一域的乘法群的有限子群都是循环群,因而 $E^{(n)}$ 是一个 n 阶循环群。

(2) 因为 $p|n$,所以 $x^n-1=x^{mp^e}-1=(x^m-1)^{p^e}$,因此 x^n-1 的根正好是 x^m-1 的根且每一根的重数为 p^e 次。

定义 3.3.2 K 是特征为 p(可能为 0)的域,n 是一个不能被 p 整除的正整数。则 $E^{(n)}$ 中的生成元称为 K 上的 n 次本原单位根。

定义 3.3.3 设 K 是特征为 p 的域,n 是一个不能被 p 整除的正整数,ζ 是 K 上的一个 n 次本原单位根。多项式

$$Q_n(x)=\prod_{1 \leqslant v \leqslant n, (v,n)=1}(x-\zeta^v)$$

称为 K 上的 n 次分圆多项式。

显然,$Q_n(x)$ 不依赖于本原单位根 ζ 的选取,且 $\deg(Q_n(x))=\phi(n)$,ϕ 为欧拉函数。

定理 3.3.2 设 K 是特征为 p 的域,n 是一个不能被 p 整除的正整数。则

(1) $x^n-1=\prod_{d|n}Q_d(x)$。

(2) $Q_n(x)$ 的系数是 K 的素域中的元素。如果 K 的特征为 0,则 $Q_n(x)$ 的系数都是整数。

证明:

(1) 显然 $Q_d(x)|(x^n-1)$。由于 $Q_{d_1}(x)$ 的根都是 d_1 阶的,Q_{d_2} 的根都是 d_2 阶的,所以当 $d_1 \neq d_2$ 时,$(Q_{d_1}(x), Q_{d_2}(x))=1$。因此

$$\prod_{d|n} Q_d(x) \mid (x^n - 1)$$

又假设 ζ 是一 n 次本原单位根,则任一本原单位根都可以写成 ζ^s($0 \leqslant s \leqslant n$)的形式。

取 $d = \dfrac{n}{(n,s)}$,则 d 是 ζ^s 在 $E^{(n)}$ 中的阶,从而 ζ^s 是 d 次本原单位根。因此对每一个 n 次单位根,都存在唯一的一个 n 的因子 d,使得该 n 次单位根恰好就是 d 次本原单位根。所以我们又有

$$(x^n - 1) \mid \prod_{d|n} Q_d(x)$$

综上,我们有

$$x^n - 1 = \prod_{d|n} Q_d(x)$$

(2) 显然 $Q_n(x)$ 是首一多项式,下面用数学归纳法证明定理。当 $n=1$ 时,$Q_1(x) = x - 1$,定理显然成立。假设 $n > 1$ 且对所有的 $Q_d(x)$,$1 \leqslant d \leqslant n$,定理都成立,下证定理对 $Q_n(x)$ 也成立。由(1)知,$Q_n(x) = (x^n - 1)/f(x)$,其中

$$f(x) = \prod_{d|n, d<n} Q_d(x)$$

由归纳假设知 $f(x)$ 的系数在 K 的素域中(若 K 的特征为 0,系数在整数中),所以 $Q_n(x)$ 的系数也在 K 的素域中(若 K 的特征为 0,系数在整数环中),定理得证。

例 3.3.1 验证 $Q_{12}(x) = x^4 - x^2 + 1$。

解:可以得到

$$\begin{aligned}
Q_{12}(x) &= \prod_{d|12} (x^d - 1)^{\mu\left(\frac{n}{d}\right)} \\
&= (x-1)^0 (x^2-1)^1 (x^3-1)^0 (x^4-1)^{-1} (x^6-1)^{-1} (x^{12}-1)^1 \\
&= \frac{(x^2-1)(x^{12}-1)}{(x^4-1)(x^6-1)} \\
&= x^4 - x^2 + 1
\end{aligned}$$

例 3.3.2 设 q 是素数,r 是一个正整数,则

$$Q_q(x) = (x^q - 1)(x-1)^{-1} = x^{q-1} + x^{q-2} + \cdots + 1$$

$$Q_{q^r}(x) = (x^{q^r} - 1)(x^{q^{r-1}} - 1)^{-1} = x^{(q-1)q^{r-1}} + x^{(q-2)q^{r-1}} + \cdots + x^{q^{r-1}} + 1$$

定理 3.3.3 有限域 F_q 是其任一子域上 $q-1$ 的次分圆域。

证明:显然多项式 $x^{q-1} - 1$ 在 F_q 上分裂。且 $x^{q-1} - 1$ 的根正好是 F_q 中的所有非零元,所以 $x^{q-1} - 1$ 不能在更小的域上分裂。

由于 F_q^* 是 $q-1$ 阶循环群,因此对任意的 $n \mid (q-1)$,存在 F_q^* 的 n 阶循环子群 $\{1, \alpha, \cdots, \alpha^{n-1}\}$。该子群的所有元素都是 n 次单位根,而且生成元 α 是 F_q 的任何子域上的 α 次本原单位根。

定理 3.3.4 如果 $d \mid n$ 且 $1 \leqslant d \leqslant n$,则 $Q_n(x)$ 只要有定义就一定整除 $(x^n - 1)/$

(x^d-1)。

证明：因为 $Q_n(x)$ 整除 $(x^n-1)=(x^d-1)\dfrac{x^n-1}{x^d-1}$，且 d 是 n 的真因子，$Q_n(x)$ 的根的阶都为 n，所以 $(Q_n(x),x^d-1)=1$，因此 $Q_n(x)$ 整除 $(x^n-1)/(x^d-1)$。

下面是关于分圆域的基本定理，定理的证明可参见文献[4]。

定理 3.3.5 设 K 为一个素域。分圆域 $K^{(n)}$ 是 K 的单代数扩张，可由任一 n 次本原单位根 ζ 生成 $K^{(n)}=K(\zeta)$。而且

(1) 若 $K=Q$，则 $[K^{(n)}:K]=\phi(n)$ 且 ζ 的极小多项式是 $Q_n(x)$。

(2) 若 $K=F_p$，p 为素数且 $(p,n)=1$，则 $[K^{(n)}:K]=r$，其中 r 是满足 $q^r=1\bmod n$ 的最小正整数。而且 ζ 的极小多项式为 $f(x)=(x-\zeta)(x-\zeta^p)\cdots(x-\zeta^{p^{r-1}})$。

习　题

1. 证明：有限域的所有元素的和等于 0（F_2 除外）。

2. p 是一个奇素数，n 是一个正整数。证明：元素 $a\in F_{p^n}$ 是 F_{p^n} 中的平方元当且仅当 $a^{(p^n-1)/2}=1$。

3. 证明：对于任意的 $f(x)\in F_q[x]$，$(f(x)^q)=f(x^q)$。

4. 设 F_q 是 q 元有限域，而 $f(x)$ 是 F_q 上的一个 n 次不可约多项式，那么一定有
$$f(x)\,|\,(x^{q^n}-x)$$

5. 设 F_q 是 q 元有限域，而 $f(x)$ 是 F_q 上的一个 m 次不可约多项式，如果 $m>n$，那么一定有
$$f(x)(x^{q^n}-x)$$

6. 设 m,n 是正整数，$d=\gcd(m,n)$，那么
$$\gcd(x^m-1,x^n-1)=(x^d-1)$$
且
$$\gcd(x^m-x,x^n-x)=(x^d-x)$$

7. 设 F_q 是 q 元有限域，而 $f(x)$ 是 F_q 上的一个 d 次不可约多项式。那么 $f(x)\,|\,(x^{q^n}-x)$ 当且仅当 $d\,|\,n$。

8. 计算 $F_{2^{24}}$ 和 $F_{3^{30}}$ 的所有子域。

9. 设 $a,b\in F_{2^n}$，n 为奇数。证明：$a^2+ab+b^2=0$ 意味着 $a=b=0$。

10. 构造一个 9 个元素的域并给出加法和乘法表。

11. 构造一个 8 个元素的域并给出加法和乘法表。

12. 证明有限域的每个元素可表成两个元素的平方和。

13. 计算有限域的所有自同构。

14. 设 $b \in F_4$ 满足 $b^2 + b + 1 = 0$, 证明: $x^4 + x + b$ 在 F_4 上不是不可约的。

15. 设 n 是一个正整数, 且 $2^n - 1$ 是素数。那么 F_2 上的 n 次不可约多项式一定是 n 次本原多项式。

16. 计算 F_2 上多项式 $x^9 + x^8 + x^7 + x^3 + x + 1$ 的周期。

17. 计算 F_3 上多项式 $x^4 + x^3 + x^2 + 2x + 2$ 的周期。

18. 计算 F_{32} 中所有元素在 F_4 上的极小多项式。

19. 计算 F_{16} 中所有元素在 F_2 上的极小多项式。

20. 确定 F_2 上的所有 6 次本原多项式。

21. 设 $\theta \in F_{64}$ 是不可约多项式 $x^6 + x + 1 \in F_2[x]$ 的一个根。试求 $\beta = \theta^3 + \theta^2 + 1$ 在 F_2 上的极小多项式。

22. 设 r 是一个素数, $\alpha \in F_q$。证明 $x^r - \alpha \in F_q[x]$ 或者是 F_q 上的不可约多项式, 或者在 F_q 中有一个根。

23. 设 α 是一个 n 次单位根, 计算 $1 + \alpha + \alpha^2 + \cdots + \alpha^{n-1}$ 的值。

24. 设 K 是域。如果 K^* 是循环群, 那么 K 一定是有限域。

25. 计算 F_3 上的 10 次分圆多项式 $Q_{10}(x)$。

26. 对任意的正整数 n, 计算 $Q_n(1)$ 和 $Q_n(-1)$。

27. 设 ζ 是复数域中一个本原 n 次单位根。证明: $[Q(\zeta + \zeta^{-1}) : Q] = \dfrac{1}{2} \phi(n)$（假定 $n > 2$）。

28. 对任意的正整数 n 和有限域 F_q, 所有 F_q 次数整除 n 的首一不可约多项式的乘积等于 $x^{q^n} - x$。

29. p 为素数, $f(x) \in F_p[x]$ 是一个 $n(n > 1)$ 次不可约多项式, $P_n(x)$ 表示 $F_p[x]$ 中首相系数为 1 的 n 次不可约多项式全体的乘积。证明:

$$P_n(x) = \prod_{d \mid n} (x^{p^d} - x)^{\mu\left(\frac{n}{d}\right)}$$

其中, $\mu(n)$ 为默比乌斯函数。

30. 证明: F_p 上互不相伴的 n 次不可约多项式的个数

$$N_n = \frac{1}{n} \sum_{d \mid N} \mu\left(\frac{n}{d}\right) p^d$$

31. 假设 F_q 是有限域, F_p 是它的素域, 素数 $p \neq 2$。定义符号

$$\left(\frac{\alpha}{q}\right) = \begin{cases} 0, & \text{如果 } \alpha = 0; \\ 1, & \text{如果 } \alpha \neq 0 \text{ 且 } \alpha \text{ 是 } F_q \text{ 中的一个平方元}; \\ -1, & \text{其他}。 \end{cases}$$

对任意的 $\alpha, \beta \in F_q$, 求证:

(1) $\left(\dfrac{\alpha\beta}{q}\right) = \left(\dfrac{\alpha}{q}\right)\left(\dfrac{\beta}{q}\right)$;

(2) $\sum_{a \in F_q} \left(\dfrac{\alpha}{q} \right) = 0$;

(3) $\left(\dfrac{\alpha}{q} \right) = \left(\dfrac{N(\alpha)}{p} \right)$，其中 $\left(\dfrac{\alpha}{p} \right)$ 是 Legendre 符号。

32. 采用上题的记号，假设 $f(x) = ax^2 + bx + c \in F_q[x]$，$d = b^2 - 4ac$。证明：

$$\sum_{x \in F_q} \left(\frac{ax^2 + bx + c}{q} \right) = \begin{cases} \left(\dfrac{\alpha}{q} \right)(q-1), & d = 0 \\[3mm] -\left(\dfrac{\alpha}{q} \right), & d \neq 0 \end{cases}$$

33. F_q 是特征不等于 2 的有限域，$\alpha, a, b \in F_q$ 且 $d = ab \neq 0$。设二元方程 $ax^2 + by^2 = \alpha$ 在有限域 F_q 上的解的个数为 N_q，证明：

$$N_q = \begin{cases} q + \left(\dfrac{-d}{q} \right)(q-1), & \alpha = 0 \\[3mm] q - \left(\dfrac{-d}{q} \right), & \alpha \neq 0 \end{cases}$$

第4章 初等数论基础

本章介绍初等数论的基本概念和结果,主要内容取材于参考文献[1]和[5],也可参看文献[7,8,10,14]。在学完了代数学基本知识以后,也可以利用群论等知识进一步思考本章的内容。

4.1 整数的可除性

自然数是指 $1,2,3\cdots$ 之一而言。整数是指 $\cdots,-2,-1,0,1,2,\cdots$ 之一而言。显然,两个整数的和、差、积仍为整数,也即整数集合对加法、减法、乘法运算封闭。以 N 或 $\mathbf{N}$ 表示由全体正整数(即自然数)所组成的集合,以 Z 表示由全体整数组成的集合。

自然数及其运算源于经验,它最本质的属性如下。

归纳公理 设 S 是 N 的一个子集,满足条件:(i)$1\in S$;(ii)如果 $n\in S$,则 $n+1\in S$。那么 $S=N$。

这个公理是数学归纳法的基础。

定理 4.1.1 (数学归纳法)设 $P(n)$ 是关于自然数 n 的一个命题。如果

(1) 当 $n=1$ 时,$P(1)$ 成立;

(2) 由 $P(n)$ 成立必可推出 $P(n+1)$ 成立。

那么,$P(n)$ 对所有自然数 n 成立。

证明:设使 $P(n)$ 成立的所有自然数 n 组成的集合是 S。S 是 N 的子集。由条件(1)知 $1\in S$。由条件(2)知,若 $b\in S$,则 $n+1\in S$。由归纳公理知 $S=N$。

由归纳公理还可以推出如下定理。

定理 4.1.2 (最小数原理)设 T 是 N 的一个非空子集。那么必有 $t_0\in T$,使得对任意的 $t\in T$ 有 $t_0\leqslant t$,即 t_0 是 T 中最小的自然数。

证明:考虑由所有这样的自然数 s 组成的集合 S:对任意的 $t\in T$ 必有 $s\leqslant t$。由于 1 满足这样的条件,所有 $1\in S$,S 非空。若 $t_1\in T$,则 $t_1+1>t_1$,所有 $t_1+1\notin S$。用反证法,由这两点及归纳公理就推出:必有 $s_0\in S$ 使得 $s_0+1\notin S$。我们来证明必有 $s_0\in T$。若不然,则对任意的 $t\in T$,必有 $t>s_0$,因而 $t\geqslant s_0+1$。这表明 $s_0+1\in S$,矛盾。取 $t_0=s_0$ 就证明了定理。

设 α 是一个实数,令 $[\alpha]$ 表示不超过 α 的最大整数。例如

$$[2]=2, \quad [\sqrt{2}]=1, \quad [\pi]=3, \quad [-pi]=-4$$

若 $\alpha>0$，则 $[\alpha]$ 为 α 的整数部分，即有

$$[\alpha]\leqslant\alpha\leqslant[\alpha]+1$$

若取有理数 $\alpha=\dfrac{a}{b}, b>0$，则有

$$0\leqslant\frac{a}{b}-\left[\frac{a}{b}\right]<1$$

即

$$0\leqslant a-b\left[\frac{a}{b}\right]<b$$

即得

$$a=\left[\frac{a}{b}\right]b+r, \quad 0\leqslant r<b$$

由此得到如下定理。

定理 4.1.3 设 a,b 是两个给定的整数，$a\neq0$。那么一定存在唯一的一对整数 q,r，满足：

$$b=qa+r, \quad 0\leqslant r<|a|$$

证明：只需证唯一性。若还有整数 q',r' 满足：

$$b=q'a+r', \quad 0\leqslant r'<|a|$$

不妨设 $r'\geqslant r$。那么 $0\leqslant r'-r<|a|$ 且

$$r'-r=(q-q')a$$

如果 $r'-r>0$，则 $q-q'\geqslant1$，推出 $r'-r\geqslant|a|$，这和 $r'-r<|a|$ 矛盾。所以必有 $r'=r$，进而 $q'=q$。

上述定理称为带余除法。上述定理中的 r 称为 b 除 a 的最小非负剩余。

推论 4.1.1 设 $a>0$。任一整数被 a 除后所得的最小非负剩余是且仅是 $0,1,\cdots$，$a-1$ 这 a 个数中的一个。

若带余除法中 $r=0$，则称 a 为 b 的倍数，b 为 a 的因数。也即若存在一个整数 c，使得

$$a=bc$$

则称 b 整除 a，b 为 a 的因数，a 为 b 的倍数，记作 $b\mid a$。若 b 不是 a 的因子，则记作 ba。若 $a=bc$，且 $b\neq a,b\neq1$，则称 b 为 a 的真因数。关于整除性，显然有下述定理。

定理 4.1.1 若 $b\neq0,c\neq0$，则

(1) 若 $b\mid a,c\mid b$，则 $c\mid a$；

(2) 若 $b\mid a$，则 $bc\mid ac$；

(3) 若 $c\mid d,c\mid e$，则对任意的整数 m,n，有 $c\mid dm+en$；

(4) 若 $b\mid a$，则 $|b|\leqslant|a|$；

(5) 若 b 是 a 的真因数,则 $1 < |b| < |a|$。

定义 4.1.4　设 a 和 b 是整数,若整数 d 满足 $d \mid a$ 和 $d \mid b$,则称 d 是 a 和 b 的公约数(或公因子)。设 a 和 b 不同时为 0 的整数,a 和 b 的公约数中的最大的称为 a 和 b 的最大公约数(或最大公因子),记为 $\gcd(a,b)$ 或 (a,b)。

a 和 b 的最大公因子即是满足如下条件的整数 d:

(1) $d \mid a$ 且 $d \mid b$;

(2) 若 $c \mid a$ 且 $c \mid b$,则 $c \mid d$。

一般的,设 $a_1, \cdots, a_k$ 是 k 个整数,如果 $d \mid a_1, \cdots, d \mid a_k$,那么 d 称为 $a_1, \cdots, a_k$ 的公约数。设 $a_1, \cdots, a_k$ 是 k 个不同时为 0 的整数,把 $a_1, \cdots, a_k$ 的公约数中的最大的称为 $a_1, \cdots, a_k$ 的最大公因子,记作 $(a_1, \cdots, a_k)$。

下面的定理表明 $\gcd(a,b)$ 可以写成 a 和 b 的线性组合。

定理 4.1.5　设 a 和 b 是不同时为 0 的整数,则存在整数 x 和 y 使得

$$d = \gcd(a,b) = ax + by$$

证明:考虑所有线性组合 $au + bv$ 全体构成的集合 S,其中 u, v 跑遍所有整数。则 S 中存在最小正整数 m,设 $m = ax + by$。利用带余除法,可得 $a = mq + r, 0 \leqslant r < m$。那么

$$r = a - qm = (1 - qx)a + (-qy)b$$

因此 $r \in S$ 且 $r < m$,与 m 是最小正整数矛盾。因此 $r = 0$,所有 $a = mq, m \mid a$。同理可得 $m \mid b$,所有 m 是 a 和 b 的公因子。所以 $m \leqslant d = \gcd(a,b)$。又因为 $m = ax + by, d \mid a, d \mid b$,所以 $d \mid m$,所以 $m = d$。

定义 4.1.2　若 $\gcd(a,b) = 1$,则称整数 a 和 b 互素。我们说整数 $a_1, \cdots, a_k$ 是两两互素的,若对任意的 $i \neq j$,有 a_i 和 a_j 互素。一般的,若 $(a_1, \cdots, a_k) = 1$,则称 $a_1, \cdots, a_k$ 是互素的。

定理 4.1.6　设 a 和 b 是整数,则 a 和 b 互素当且仅当存在整数 x 和 y 满足:

$$ax + by = 1$$

证明:若 a 和 b 互素,则有 $\gcd(a,b) = 1$,由上述定理知存在整数 x 和 y 使得 $ax + by = 1$。反之,设有整数 x 和 y 满足 $ax + by = 1$,且 $d = \gcd(a,b)$。因为 $d \mid a, d \mid b$,所以 $d \mid 1 = ax + by$,即 $d = 1$。

一般的,有如下定理。

定理 4.1.7　如果存在整数 $x_1, \cdots, x_k$ 使得

$$a_1 x_1 + \cdots + a_k x_k = 1$$

则 $a_1, \cdots, a_k$ 是互素的。

定理 4.1.8　若 $a \mid bc$ 且 $\gcd(a,b) = 1$,则 $a \mid c$。

证明:因为 a 和 b 互素,所以存在整数 x 和 y 使得 $ax + by = 1$。在等式两边同时乘以 c,有 $acx + bcy = c$。因为 $a \mid ac, a \mid bc$,所以 $a \mid (acx + bcy)$,即 $a \mid c$。

定理 4.1.9　设 a, b, q, r 都是整数,且 $b > 0, 0 \leqslant r < b$,满足 $a = bq + r$。则有 $\gcd(a,b) = \gcd(b,r)$。

证明：设 $x = \gcd(a,b)$，$y = \gcd(b,r)$，只需证 $x = y$。若整数 $c \mid a, c \mid b$，则 $c \mid r = a - bq$，即 c 也是 r 的因子。相同讨论可得每个 b 和 r 的公因子也是 a 的因子。

应用带余除法的最重要的形式就是下面的辗转相除法，也称为 Euclid 算法，可以用来求解两个整数的最大公因子。

设 u_0, u_1 是给定的两个整数，$u_1 \neq 0$，$u_1 \dotplus u_0$。我们可以重复应用带余除法，得到下面 $k+1$ 个等式：

$$u_0 = q_0 u_1 + u_2, 0 < u_2 < |u_1|$$
$$u_1 = q_1 u_2 + u_3, 0 < u_3 < u_2$$
$$u_2 = q_2 u_3 + u_4, 0 < u_4 < u_3$$
$$\vdots$$
$$u_{j-1} = q_{j-1} u_j + u_{j+1}, 0 < u_{j+1} < u_j$$
$$\vdots$$
$$u_{k-2} = q_{k-2} u_{k-1} + u_k, 0 < u_k < u_{k-1}$$
$$u_{k-1} = q_{k-1} u_k + u_{k+1}, 0 < u_{k+1} < u_k$$
$$u_k = q_k u_{k+1}$$

则 u_0, u_1 的最大公因子是 q_k。

数论中一个著名的结果是：

定理 4.1.10　若 a 和 b 是随机选出的两个整数，则 $\gcd(a,b) = 1$ 的概率为 $6/\pi^2 = 0.607\,93$，即

$$\mathrm{Prob}[\gcd(a,b) = 1] = 0.6$$

定义 4.1.3　设整数 $p \neq 0, \pm 1$。如果它除了显然的因数 $\pm 1, \pm p$ 外没有其他因数，那么 p 称为素数（或质数）。若 $a \neq 0, \pm 1$ 且 a 不是素数，则 a 称为合数。

当 $p \neq 0, \pm 1$ 时，由于 p 和 $-p$ 必同为素数或合数，所以，以后若没有特别说明，素数总是指正的。例如

$$2, 3, 5, 7, 11, 13, 17, 19, 23, 29, 31, 37, 41$$

都是素数。由定义，立即推出如下定理。

定理 4.1.11

(1) $a > 1$ 是合数的充要条件是 $a = de, 1 < d < a, 1 < e < a$；

(2) 若 $d > 1, q$ 是素数且 $d \mid q$，则 $d = q$。

定理 4.1.12　若 a 是合数，则必有素数 $p \mid a$。

证明：由定义知 a 必有因数 $d \geq 2$。设集合 T 由 a 的所有因数 $d \geq 2$ 组成。由最小自然数原理知集合 T 中必有最小的自然数，设为 p，则 p 必为素数。若不然，$p \geq 2$ 是合数，则 p 必有因子 $2 \leq d' < p$，显然 d' 属于 T，这与 p 的最小性矛盾。证毕。

推论 4.1.2　设自然数 $a \geq 2$ 是合数，则必有素数 $p \mid a, p \leq a^{1/2}$。

数学中的一个著名定理如下。

定理 4.1.13 素数有无穷多个。

证明: 用反证法。假设只有有限个素数，它们是 $p_1,p_2,\cdots,p_k$。考虑 $a=p_1p_2\cdots p_k+1$。显然 $a>2$。由定理 4.1.12 知必有素数 $p\,|\,a$。由假设知 p 必等于某个 p_j，因而 $p=p_j$ 一定整除 $a-p_1p_2\cdots p_k=1$，但是素数 $p_j\geqslant 2$，这是不可能的，矛盾。因此假设不成立，即素数有无穷多个，证毕。

定义 4.1.4 设 a,b 是两个均不等于零的整数。如果 $a\,|\,m,b\,|\,m$，则称 m 是 a 和 b 的公倍数。一般的，设 $a_1,\cdots,a_k$ 是 k 个均不等于零的整数，如果 $a_1\,|\,m,\cdots,a_k\,|\,m$，则称 m 是 $a_1,\cdots,a_k$ 的公倍数。$a_1,\cdots,a_k$ 的正的公倍数中最小的称为 $a_1,\cdots,a_k$ 的最小公倍数，记作 $[a_1,\cdots,a_k]$。

我们总结关于最大公因子和最小公倍数的一些性质，证明留给读者。

定理 4.1.14

(1) $(a,b)=(b,a)=(-a,b)$。一般的，
$$(a_1,a_2,\cdots,a_i,\cdots,a_k)=(a_1,a_2,\cdots,a_i,\cdots,a_k)=(-a_1,a_2,\cdots,a_k)$$

(2) 对任意的整数 x，$(a,b)=(a,b,ax)$；

(3) 对任意的整数 x，$(a,b)=(a,b+ax)$；

(4) 若 p 是素数，则
$$(p,a)=\begin{cases}p, & p\,|\,a\\ 1, & p\nmid a\end{cases}$$

(5) 设 $k\geqslant 3$，那么
$$(a_1,\cdots,a_{k-2},a_{k-1},a_k)=(a_1,\cdots,a_{k-2},(a_{k-1},a_k))$$

(6) 设 $m>0$，则 $(ma_1,\cdots,ma_k)=m(a_1,\cdots,a_k)$；

(7) 若 $(m,a)=1$，则 $(m,ab)=(m,b)$；

(8) 设正整数 $m\,|\,(a_1,\cdots,a_k)$，则
$$m(a_1/m,\cdots,a_k/m)=(a_1,\cdots,a_k)$$

特别的，有
$$\left(\frac{a_1}{(a_1,\cdots,a_k)},\cdots,\frac{a_k}{(a_1,\cdots,a_k)}\right)$$

定理 4.1.15

(1) $[a,b]=[b,a]=[-a,b]$。一般的，
$$[a_1,a_2,\cdots,a_i,\cdots,a_k]=[a_i,a_2,\cdots,a_i,\cdots,a_k]=[-a_1,a_2,\cdots,a_k]$$

(2) 对任意的整数 $x\,|\,a$，$[a,b]=[a,b,x]$；

(3) 对任意的整数 $m>0$，$[ma_1,\cdots,ma_k]=m[a_1,\cdots,a_k]$；

(4) $a_j\,|\,c(1\leqslant j\leqslant k)$ 的充要条件是 $[a_1,\cdots,a_k]\,|\,c$；

(5) 设 $ab\neq 0$，则 $[a,b](a,b)=|ab|$。

例 4.1.1 设 k 是正整数，证明 $(a^k,b^k)=(a,b)^k$。

证明：因为

$$\left(\frac{a}{(a,b)},\frac{b}{(a,b)}\right)=1$$

所以

$$\left(\left(\frac{a}{(a,b)}\right)^k,\left(\frac{b}{(a,b)}\right)^k\right)=1$$

因此

$$(a^k,b^k)=(a,b)^k\left(\left(\frac{a}{(a,b)}\right)^k,\left(\frac{b}{(a,b)}\right)^k\right)=(a,b)^k$$

定理 4.1.16 设 p 是素数，$p\,|\,ab$。那么 $p\,|\,a$ 或 $p\,|\,b$ 至少有一个成立。一般的，若 $p\,|\,a_1\cdots a_k$，则 $p\,|\,a_1,\cdots,p\,|\,a_k$ 至少有一个成立。

证明： 若 $p\nmid a$，则 $(p,a)=1$。又 $p\,|\,ab$，因此 $p\,|\,b$。

定理 4.1.17 （算术基本定理）大于 1 的自然数 n 皆可分解为素数之积，即有素数 $p_j(1\leqslant j\leqslant s)$ 使得 $n=p_1p_2\cdots p_s$。且在不计次序的意义下，上述表达式是唯一的。

证明： 先证存在性。若 n 为素数，结论成立。设 n 为合数，令 p_1 为其最小的真因数，则 p_1 为素数。令

$$n=p_1n_1,\quad 1<n_1<n$$

若 n_1 已为素数，则定理得证。否则，令 p_2 为 n_1 的最小素因数，得到

$$n=p_1p_2n_2,\quad 1<n_2<n_1<n$$

不断地做下去，得 $n>n_1>n_2>\cdots>1$。此种做法不能超过 n 次，故最后必有

$$n=p_1p_2\cdots p_s$$

其中，$p_1,\cdots,p_s$ 皆为素数。

下面来证唯一性。不妨设 $p_1\leqslant p_2\leqslant\cdots\leqslant p_s$。若还有表达式

$$a=q_1q_2\cdots q_r,\quad q_1\leqslant q_2\leqslant\cdots\leqslant q_r$$

$q_i(1\leqslant i\leqslant r)$ 是素数，我们来证明必有 $r=s$，$p_j=p_j(1\leqslant j\leqslant s)$。不妨设 $r\geqslant s$。利用上面的定理，由 $q_1\,|\,n=p_ap_2\cdots p_s$ 知，必有某个 p_j 满足 $q_1\,|\,p_j$。由于 p_j 和 q_1 是素数，所以 $q_1=p_j$。同样，由 $p_1\,|\,a=q_1q_2\cdots q_r$，知必有某个 q_i 满足 $p_1\,|\,q_i$，因而 $p_1=q_i$。由于 $q_1\leqslant q_i=p_1\leqslant p_j$，所以 $p_1=q_1$。这样，就有

$$q_2q_3\cdots q_r=p_2p_3\cdots p_s$$

由同样的论证，依次可得 $q_2=p_2,\cdots,q_s=p_s$，

$$q_{s+1}=q_r=1$$

上式是不可能的，除非 $r=s$。证毕。

例如：$75075=3^1\cdot5^2\cdot7^1\cdot11^1\cdot13^1$。

将定理中的素因数排成

$$n=p_1^{a_1}p_2^{a_2}\cdots p_k^{a_k},\quad a_1>0,a_2>0,\cdots,a_k>0,\quad p_1<p_2<\cdots<p_k$$

此式称为 n 的标准分解式,标准分解式是唯一性的。

4.2 数论函数

数论函数是数学和计算机科学中最基本的函数。在这一节中,我们要研究数论中常见的一些数论函数。

定义 4.2.1 **数论函数**是指定义域为 Z^+ 的函数。即若一个函数 f 对于一个任意的正整数 n 都唯一对应着一个实值或复值 $f(n)$,则称这个函数为数论函数(或算术函数)。

定义 4.2.2 如果数论函数 $f(n)$ 对任意互素的正整数 $(m,n)=1$,有 $f(mn)=f(m)f(n)$,则称 $f(n)$ 具有**积性**,或称 $f(n)$ 是**积性函数**。如果 $f(n)$ 对任意的正整数 m,n,有 $f(mn)=f(m)f(n)$,则称 $f(n)$ 是**完全积性函数**。

完全积性函数是积性函数。由积性的定义可知,一个积性数论函数被它在素数幂上的取值唯一确定:

$$f(n)=f(p_1^{a_1})f(p_1^{a_2})\cdots f(p_r^{a_r})$$

其中,n 的素因子分解为 $n=p_1^{a_1}p_2^{a_2}\cdots p_r^{a_r}$($p_i$ 为素数,a_i 为正整数,$1\leqslant i\leqslant r$)。

例如,对于积性数论函数 $f(x)$,若知道 p 是素数,$m\in N^+$ 时,$f(p^m)=p^{2m}$,则对于一切正整数 n,有 $f(n)=n^2$。又对任意积性数论函数 $f(n)$,显然有 $f(1)=1$。

由定义可证下面的定理。

定理 4.2.1 设 $f(n)$ 是不恒为零的数论函数,

$$n=p_1^{a_1}\cdots p_r^{a_r}$$

那么 $f(n)$ 是积性函数的充要条件是 $f(1)=1$ 且

$$f(n)=f(p_1^{a_1})\cdots f(p_r^{a_r})$$

$f(n)$ 是完全积性函数的充要条件是 $f(1)=1$ 且

$$f(n)=f^{a_1}(p_1)\cdots f^{a_r}(p_r)$$

例 4.2.1 设 $d(n)$ 表示 n 的正因子个数,那么 $d(n)$ 是一个积性数论函数。

例 4.2.2 Riemann-Zeta 函数定义为

$$\zeta(s)=\sum_{n=1}^{\infty}\frac{1}{n^s}$$

常值函数 $f:Z^+\to 1$ 是一个积性函数。从而

$$\zeta(s)=\prod_p\left(\sum_{k=0}^{\infty}P^{-ks}\right)$$
$$=\prod_p\frac{1}{1-p^{-s}}$$
$$=\frac{1}{\prod_p(1-p^{-s})}$$

定理 4.2.2 若 f 是积性函数,且

$$g(n) = \sum_{d|n} f(d)$$

其中,和式取遍,所以 n 的正因子 d,则 g 也是积性函数。

证明:因为 f 是积性函数,若 $(m,n)=1$,则

$$
\begin{aligned}
g(mn) &= \sum_{d|m}\sum_{d'|n} f(dd')\\
&= \sum_{d|m} f(d) \sum_{d'|n} f(d')\\
&= g(m)g(n)
\end{aligned}
$$

定理 4.2.3 若 f 和 g 都是积性函数,则

$$F(n) = \sum_{d|n} f(d) g\left(\frac{n}{d}\right)$$

也是积性函数。

证明:若 $\gcd(m,n)=1$,则 $d|mn$ 当且仅当 $d=d_1 d_2$,其中 $d_1|m, d_2|n, (d_1,d_2)=1$ 以及 $(m/d_1, n/d_2)=1$。因此

$$
\begin{aligned}
F(mn) &= \sum_{d|mn} f(d) g\left(\frac{mn}{d}\right)\\
&= \sum_{d_1|m}\sum_{d_2|n} f(d_1 d_2) g\left(\frac{mn}{d_1 d_2}\right)\\
&= \sum_{d_1|m}\sum_{d_2|n} f(d_1) f(d_2) g\left(\frac{m}{d_1}\right) g\left(\frac{n}{d_2}\right)\\
&= \left(\sum_{d_1|m} f(d_1) g\left(\frac{m}{d_1}\right)\right) \cdot \left(\sum_{d_2|n} f(d_2) g\left(\frac{n}{d_2}\right)\right)\\
&= F(m)F(n)
\end{aligned}
$$

定义 4.2.3 Möbius 函数是一个积性函数,它在素数幂上如下定义:

$$
\mu(n) = \begin{cases} 1, & \text{若 } n=1,\\ (-1)^r, & \text{若 } n=p_1\cdots p_r, \quad p_1,\cdots,p_r \text{ 是两两不同的素数},\\ 0, & \text{其他} \end{cases}
$$

由定义立即推出

$$\mu(n_1 n_2)=0, \quad (n_1,n_2)>1$$

所以 μ 不是完全积性函数。

定理 4.2.4 设 n 是正整数,

$$I(n) = \sum_{d|n} \mu(d) = \left[\frac{1}{n}\right] = \begin{cases} 1, n=1\\ 0, n>1 \end{cases}$$

证明:由定理 4.2.2 知 $I(n)$ 是积性函数,$I(1)=1$,及对素数 p

$$I(p^a) = 1+\mu(p)=0, \quad a\geq 1$$

这就证明了所要的结论。

令

$$\mu(s) = \sum_{n=1}^{\infty} \frac{\mu(n)}{n_s}$$

那么

$$\mu(s) \prod_p (1 - p^{-s})$$

因此 $\mu(s)\zeta(s) = 1$，也即

$$\frac{1}{\zeta(s)} = \sum_{n \geq 1} \frac{\mu(n)}{n_s}$$

定义 4.2.4 设 $f(n)$ 是数论函数，定义

$$F(n) = \sum_{d|n} f(d)$$

则称 $F(n)$ 是 $f(n)$ 的 **Möbius 变换**，而把 $f(n)$ 称为 $F(n)$ 的 **Möbius 逆变换**。

定理 4.2.5 设 $f(n)$ 和 $F(n)$ 是定义在 N 上的数论函数。那么

$$F(n) = \sum_{d|n} f(d)$$

的充要条件是

$$F(n) = \sum_{d|n} \mu(d) \left(\frac{n}{d} \right)$$

证明： 必要性。假设 $F(n) = \sum_{d|n} f(d)$。我们有

$$\sum_{d|n} \mu(d) F\left(\frac{n}{d} \right) = \sum_{d|n} \mu(d) \sum_{k|n/d} f(k)$$
$$= \sum_{k|n} f(k) \sum_{d|n/k} \mu(d) = f(n)$$

充分性。假设 $f(n) = \sum_{d|n} \mu(d) F\left(\frac{n}{d} \right)$。那么

$$\sum_{d|n} f(d) = \sum_{d|n} \sum_{k|d} \mu(k) F\left(\frac{d}{k} \right)$$
$$= \sum_{k|n} \mu(k) \sum_{k|d, d|n} F\left(\frac{d}{k} \right)$$

令 $d = kt$ 得

$$\sum_{d|n} f(d) = \sum_{k|n} \mu(k) \sum_{t|n/k} F(t)$$
$$= \sum_{t|n} F(t) \sum_{k|n/t} \mu(k) = F(n)$$

欧拉函数 $\varphi(n)$ 定义为

$$\varphi(n) = |\{k \mid 1 \leqslant k \leqslant n, \gcd(k,n) = 1\}|, \quad n \geqslant 1$$

即 $\varphi(n)$ 是不超过 n 且与 n 互素的正整数个数。

由定义容易算出

$$\varphi(1) = \varphi(2) = 1, \quad \varphi(3) = 2, \quad \varphi(4) = 2, \quad \varphi(5) = 4$$

设 p 是素数，$m = p^a (a \geqslant 1)$。因为 $1, 2, \cdots, p^a$ 中与 p^a 不互素的数就是那些被 p 整除的数，即 $p, 2p, \cdots, p^{a-1} \cdot p$，共 p^{a-1} 个，因此

$$\varphi(p^a) = p^a - p^{a-1} = p^a(1 - 1/p)$$

定理 4.2.6 $\varphi(n)$ 是积性函数。$\varphi(1) = 1$，且

$$\varphi(n) = n \sum_{i=1}^{r} \left(1 - \frac{1}{p_i}\right)$$

设 n 的素因子分解为 $n = \prod_{i=1}^{r} p_i^{a_i}, a_i \geqslant 1$。

证明： 对于正整数 n 及其正因子 d，设 $A_d = \{k \mid 1 \leqslant k \leqslant n, \gcd(k, n) = d\}$，则

$$|A_d| = |\{k \mid 1 \leqslant k \leqslant n, \gcd(k, n) = d\}|$$

$$= \left| \left\{ \frac{k}{d} \mid 1 \leqslant \frac{k}{d} \leqslant \frac{n}{d}, \gcd\left(\frac{k}{d}, \frac{n}{d}\right) = 1 \right\} \right| = \varphi\left(\frac{n}{d}\right)$$

易知 $\{A_d\}_{d \mid n}$ 是 $\{1, \cdots, n\}$ 的一个划分，故

$$n = \sum_{d \mid n} |A_d| = \sum_{d \mid n} \varphi\left(\frac{n}{d}\right) = \sum_{d \mid n} \varphi(d)$$

利用 Möbius 反演公式，得到

$$\varphi(n) = \sum_{d \mid n} \mu\left(\frac{n}{d}\right) d = \sum_{d \mid n} \mu(d) \frac{n}{d}$$

易知 $\varphi(1) = 1$。当 $n \geqslant 2$ 时，n 的素因子分解为 $n = \prod_{i=1}^{r} p_i^{a_i}, a_i \geqslant 1$。注意到若存在 p_i，$1 \leqslant i \leqslant r$，使得 $p_i^2 \mid d$，则 $\mu(d) = 0$。从而

$$\varphi(n) = \sum_{d \mid n} \mu(d) \frac{n}{d}$$

$$= \sum_{k=0}^{r} \sum_{\{i_1, i_2, \cdots, i_k\} \subseteq [r]} (-1)^k \frac{n}{\prod_{j=1}^{k} p_{i_j}}$$

$$= n \prod_{i=1}^{r} \left(1 - \frac{1}{p_i}\right)$$

由定理的证明过程得到如下定理。

定理 4.2.7 $\sum_{d \mid n} \varphi(d) = n$。

定义 4.2.5 设 x 是大于 1 的正实数。$\pi(x)$ 的定义如下：

$$\pi(x) = \sum_{p \leqslant x, p \text{是素数}} 1$$

也即是说，$\pi(x)$ 是小于或等于 x 的素数的个数，称为素数分布函数。

定理 4.2.8　素数定理 $\pi(x)$ 是 $\dfrac{x}{\ln x}$ 的渐进函数，即

$$\lim_{x\to\infty}\frac{\pi(x)}{x/\ln(x)}=1$$

素数定理是 Gauss 于 1792 年提出的。1896 年法国数学家哈达玛（JacquesHad-amard）和比利时数学家普森（Charles Jean de la Vallée-Poussin）先后独立给出证明。证明用到了复分析，尤其是 Riemann-Zeta 函数。因为 Riemann-Zeta 函数与 $\pi(x)$ 关系密切，关于 Riemann-Zeta 函数的黎曼猜想对数论很重要，一旦猜想获证，便能大大改进素数定理误差的估计。

4.3　同　　余

定义 4.3.1　设 $m\neq0$。若 $m\mid a-b$，即 $a-b=km$，则称 a 同余于 b 模 m，b 是 a 对模 m 的剩余，记作

$$a\equiv b(\bmod m)$$

称为模 m 的同余式，或简称同余式。不然，则称 a 不同余于 b 模 m，b 不是 a 对模 m 的剩余，记作

$$a\not\equiv b(\bmod m)$$

由于 $m\mid a-b$ 等价于 $-m\mid a-b$，以后总假定模 $m\geqslant1$。在同余式中，若 $0\leqslant b<m$，则称 b 是 a 对模 m 的最小非负剩余。若 $1\leqslant b\leqslant m$，则称 b 是 a 对模 m 的最小正剩余。若 $-m/2<b\leqslant m/2$（或 $-m/1\leqslant b<m/2$），则称 b 是 a 对模 m 的绝对最小剩余。若 $a\equiv b(\bmod m)$，也称 a,b 模 m 同余。显然，

$$a\equiv b(\bmod m)$$

的充要条件是存在一个整数 k 使得

$$a=b+km$$

或者说，a,b 模 m 同余的充要条件是 a 和 b 被 m 除后所得的最小非负余数相等，即若

$$a=q_1m+r_1,\quad 0\leqslant r_1<m$$
$$b=q_2m+r_2,\quad 0\leqslant r_2<m$$

则 $r_1=r_2$。

性质 4.3.1　同余式可以相加，可以相乘，即若有

$$a\equiv b(\bmod m),\quad c\equiv d(\bmod m)$$

则

$$a+c\equiv d(\bmod m),\quad ac\equiv bd(\bmod m)$$

性质 4.3.2　设 $f(x)=a_nx^n+\cdots+a_0,g(x)=b_nx^n+\cdots+b_0$ 是两个整系数多项式，

满足:

$$a_j \equiv b_j \pmod{m}, \quad 0 \leqslant j \leqslant n$$

那么,若 $a \equiv b \pmod{m}$,则

$$f(a) \equiv g(b) \pmod{m}$$

我们把满足性质中条件的两个多项式 $f(x), g(x)$ 称为多项式 $f(x)$ 同余于多项式 $g(x)$ 模 m,记作

$$f(x) \equiv g(x) \pmod{m}$$

同余式还具有下面的性质,请读者自证。

性质 4.3.3

(1) 设 $d \geqslant 1, d \mid m$,那么若 $a \equiv b \pmod{m}$ 则有 $a \equiv b \pmod{d}$;

(2) 设 $d \neq 0$,那么 $a \equiv b \pmod{m} \Leftrightarrow ad \equiv bd \pmod{|d|m}$;

(3) $ac \equiv bc \pmod{m} \Leftrightarrow a \equiv b \pmod{m/(c,m)}$,特别的,当 $(c,m)=1$ 时,等价于 $a \equiv b \pmod{m}$。

同余按其词意来说就是余数相同。同余是一种等价关系,即有如下性质。

性质 4.3.4

自反性:$a \equiv a \pmod{m}$。

对称性:$a \equiv b \pmod{m} \Leftrightarrow b \equiv a \pmod{m}$。

传递性:$a \equiv b \pmod{m}, b \equiv c \pmod{m} \Rightarrow a \equiv c \pmod{m}$。

因此,模 n 同余关系将整数集 $\mathbf{Z}$ 划分成 n 个等价类,称这些等价类为同余类或剩余类。a 模 n 的剩余类记作 $[a]_n$ 或在不至于混淆的情况下简记为 $[a]$,是指模 n 与 a 同余的所有整数的集合,即

$$[a]_n = \{x \mid x \in \mathbf{Z}, x \equiv a \pmod{n}\} = \{a + kn \mid k \in \mathbf{Z}\}$$

注意,$a \in [b]_n$ 与 $a \equiv b \pmod{n}$ 表示一样的意思。

例 4.3.1 在模 2 的剩余类中,$[0]_2$ 是全体偶数的集合,$[1]_2$ 是全体奇数的集合。

定义 4.3.2 模 n 的所有剩余类的集合,通常记作 Z/NZ 或 Z_n,是指

$$Z/NZ = \{[a]_n \mid 0 \leqslant a \leqslant n-1\}$$

或者写为

$$Z/NZ = \{0, 1, \cdots, n-1\}$$

其中,0 就代表 $[0]_n$,1 代表 $[1]_n$,等等。每一个等价类都用其中的最小非负剩余来表示。

由剩余类的定义或等价关系的性质,剩余类有下面的性质。

性质 4.3.5 设 n 是一个正整数,则

(1) $[a]_n = [b]_n \Leftrightarrow a \equiv b \pmod{n}$;

(2) 模 n 的两个剩余类或者不相交,或者相等;

(3) 模 n 恰好有 n 个不同的剩余类,分别是 $[0]_n, [1]_n, \cdots, [n-1]_n$,并且它们包含了

所有的整数。

定义 4.3.3　设 n 是正整数,整数集合 $\{a_1,\cdots,a_n\}$ 称为模 n 的完全剩余类,若集合恰好包含每一个模 n 的剩余类中的一个元素(代表元)。

例 4.3.2　设 $n=4$,则 $\{-16,9,-6,-1\}$ 是模 4 的一个完全剩余系。

例 4.3.3　设 m 是一个正整数,则

(1) $\{0,1,\cdots,m-1\}$ 是模 m 的一个完全剩余系,称为模 m 的最小非负完全剩余系;

(2) $\{1,\cdots,m-1,m\}$ 是模 m 的一个完全剩余系,称为模 m 的最小正完全剩余系;

(3) $\{-(m-1),\cdots,-1,0\}$ 是模 m 的一个完全剩余系,称为模 m 的最大非正完全剩余系;

(4) $\{-m,-(m-1),\cdots,-1\}$ 是模 m 的一个完全剩余系,称为模 m 的最大负完全剩余系;

(5) 当 m 为偶数时,

$$-m/2,-(m-2)/2,\cdots,-1,0,1,\cdots,(m-2)/2$$

或

$$-(m-2)/2,\cdots,-1,0,1,\cdots,(m-2)/2,m/2$$

是模 m 的一个完全剩余系。当 m 是奇数时,

$$-(m-1)/2,\cdots,-1,0,1,\cdots,(m-1)/2$$

是模 m 的一个完全剩余系。上式两种完全剩余系统称为模 m 的一个绝对最小完全剩余系。

定义 4.3.4　模 m 的同余类 $[r]_m$ 称为是模 m 的既约(或互素)剩余类,如果 $(r,m)=1$。模 m 的所有既约同余类的个数记作 $\varphi(m)$,通常称为 Euler 函数。

注意,这里 Euler 函数的定义和前面的定义是一致的。

定义 4.3.5　一组数 $a_1,\cdots,a_t$ 称为是模 m 的既约剩余系,如果 $(a_j,m)=1,1\leqslant j\leqslant t$,以及对任意的 $a,(a,m)=1$,有且仅有一个 a_j 是 a 对模 m 的剩余,即 $a\equiv a_j\pmod{m}$。

假设 $a_1\in[a]_m,a_2\in[a]_m$,那么存在整数 k_1,k_2,r 使得 $a_1=r+k_1m,a_2=r+k_2m$,因此

$$(a_j,m)=(r+k_jm,m)=(r,m),j=1,2$$

因此,既约同余类的定义是合理的,即不会因为一个同余类中的代表元素 r 取的不同而得到矛盾的结论。由定义立即推出如下定理。

定理 4.3.1　模 m 的所有不同的既约类是

$$[r]_m(r,m)=1,\quad 1\leqslant r\leqslant m$$

模 m 的既约剩余系经常写作 $\{a_1,\cdots,a_{\varphi}(m)\}$。计算一个既约剩余系的方法是从完全剩余系入手,除去那些与模 m 不互素的元素。因此,最简既约剩余系就是集合 $\{0,1,\cdots,m-1\}$ 中与 m 互素的元素所组成的集合。

定理 4.3.2　设 m 是正整数,S 是一个整数集,则 S 是模 m 的一个既约剩余系的充

要条件如下：

(1) S 中恰好有 $\varphi(m)$ 个元素；

(2) S 中任意两个元素模 m 不同余；

(3) S 中每个元素都与 m 互素。

证明：显然，一个既约剩余系必满足这三个条件。反过来，假设 S 是满足这三个条件的整数集。因为 S 中任意两个元素都不同余，所以这些元素属于模 m 的不同剩余类。又因为 S 中元素都与 m 互素，所以它又属于与 m 互素的剩余类。因此，S 中 $\varphi(m)$ 个元素分布在与 m 互素的 $\varphi(m)$ 个剩余类中，每个元素属于一个剩余类。所以，S 是模 m 的一个既约剩余系。

推论 4.3.1 设 $\{a_1,\cdots,a_{\varphi(m)}\}$ 是模 m 的一个既约剩余系，若 $(k,m)=1$，那么 $\{ka_1,\cdots,ka_{\varphi(m)}\}$ 也是模 m 的一个既约剩余系。

性质 4.3.6 若 $m\geqslant 1$，$(a,m)=1$，则存在 c 使得

$$ac\equiv 1(\bmod m)$$

我们把 c 称为是 a 对模 m 的逆，记作 $a^{-1}(\bmod m)$ 或 a^{-1}。

证明：因为 $(a,m)=1$，所以存在 x,y 使得 $ax+my=1$，取 $c=x$ 即满足要求。

例 4.3.4 $801\times 5-154\times 26=1$ 因此，$154^{-1}(\bmod 801)\equiv -26\equiv 775(\bmod 801)$。

定理 4.3.3 (Fermat 小定理)设 a 是一个正整数，p 是素数。若 (a,p)，则

$$a^{p-1}\equiv 1(\bmod p)$$

证明：首先，$a,2a,\cdots,(p-1)a$ 的模 p 的剩余重新排序后，可写为 $1,2,\cdots,p-1$，因为它们中的任意两个都不相等。所以，将这些数相乘，得到

$$a\cdot 2a\cdots\cdots(p-1)a\equiv 1\cdot 2\cdots\cdots(p-1)(\bmod p)\equiv (p-1)!\ (\bmod p)$$

这意味着

$$(p-1)!\ a^{p-1}\equiv (p-1)!\ (\bmod p)$$

因为 $p(p-1)!$，所以两边可以消去 $(p-1)!$，定理得证。

Fermat 小定理有一个更一般的形式如下。

定理 4.3.4 (Fermat 小定理)设 p 是素数，则对任一整数 a，有

$$a^p\equiv a(\bmod p)$$

证明是简单的，如果 $(a,p)=1$，则在 $a^{p-1}\equiv 1(\bmod p)$ 两边同时乘以 a。若否，则 $p|a$，自然有 $a^p\equiv a(\bmod p)$。

Fermat 小定理能导出一个非常有用的结果，如下。

定理 4.3.5 (Fermat 小定理的逆定理)设 是一个正奇数，若 $(a,n)=1$ 且

$$a^{n-1}\not\equiv 1(\bmod n)$$

则 n 是合数。

Fermat 在 1640 年做了一个错误的猜测：所有形如 $F_n=2^{2^n}+1$ 的数都是素数。可以证明 F_5 是合数。

$$3^{2^2} \equiv 81 (\mod 2^{32}+1)$$

$$3^{2^3} \equiv 6\,561 (\mod 2^{32}+1)$$

$$3^{2^4} \equiv 43\,046\,721 (\mod 2^{32}+1)$$

$$3^{2^5} \equiv 3\,793\,201\,458 (\mod 2^{32}+1)$$

$$\vdots$$

$$3^{2^{32}} \equiv 3\,029\,026\,160 (\mod 2^{32}+1) \not\equiv 1 (\mod 2^{32}+1)$$

因此,F_5 不是素数。实际上,$F_5 = 641 \times 6\,700\,417$。$F_n = 2^{2^n}+1$ 通常称为 Fermat 数,目前已知的 Fermat 素数只有 F_0, F_1, F_2, F_3。

Euler 在 1760 年给出了以下更一般的结论。

定理 4.3.6 (Euler 定理)设 a, n 都是正整数,且 $(a, n) = 1$,则

$$a^{\varphi(n)} \equiv 1 (\mod n)$$

证明:设 $r_1, \cdots, r_{\varphi(n)}$ 是一个模 n 的既约剩余系。则 $ar_1, \cdots, ar_{\varphi(n)}$ 也是一个模 n 的既约剩余系。因此,有

$$ar_1 \cdot ar_2 \cdot \cdots \cdot ar_{\varphi(n)} \equiv r_1 r_2 \cdots r_{\varphi(n)} (\mod n)$$

因为 $ar_1, \cdots, ar_{\varphi(n)}$ 是一个既约剩余系,在某个排序下分别与 $r_1, \cdots, r_{\varphi(n)}$ 同余。因此,

$$a^{\varphi(n)} r_1 r_2 \cdots r_{\varphi(n)} \equiv r_1 r_2 \cdots r_{\varphi(n)} (\mod n)$$

从而得到 $a^{\varphi(n)} \equiv 1 (\mod n)$。

定理 4.3.7 (Wilson 定理)若 p 是素数,则

$$(p-1)! \equiv -1 (\mod p)$$

证明:$p = 2$ 时是显然的。下面假设 p 是奇数。对于任意的整数 $a, 0 < a < p$,存在唯一的整数 $a', 0 < a' < p$,使得

$$aa' \equiv 1 (\mod p)$$

且若 $a = a'$,则 $a^2 \equiv (1 \mod p)$,因此 $a = 1$ 或 $a = p-1$。因此,集合 $\{2, 3, \cdots, p-2\}$ 可分成 $(p-3)/2$ 个对 a, a',使得 $aa' \equiv 1 (\mod p)$,所以

$$2 \cdot 3 \cdot (p-2) \equiv 1 (\mod p)$$

从而

$$(p-1)! \equiv -1 (\mod p)$$

定理 4.3.8 (Wilson 定理的逆定理)若 n 是大于 1 的正奇数,且

$$(n-1)! \equiv -1 (\mod n)$$

则 n 是素数。称素数 p 为 Wilson 素数,若

$$W(p) \equiv 0 (\mod p)$$

其中,

$$W(p) \equiv \frac{(p-1)!+1}{p}$$

是一个整数。

例如，$p=5,13,563$ 是 Wilson 素数，但是 599 不是 Wilson 素数，因为

$$\frac{(599-1)!+1}{599}(\bmod 599)=381\neq 0$$

目前，人们还不知道是否有无穷多个 Wilson 素数。已知的小于 5×10^8 的 Wilson 素数只有 $p=5,13,563$。

这一节剩下的部分来讨论一次同余方程和方程组。同余式

$$ax\equiv b(\bmod n),\quad a\not\equiv 0(\bmod n)$$

是含有一个未知量 x 的一次式，称为一次同余方程。若 $x=c\in\mathbf{Z}$ 代入以上方程使两边同余，则 c 称为以上方程的一个解。方程的两个解 c_1,c_2 看作相同当且仅当 $c_1\equiv c_2(\bmod n)$。

定理 4.3.9 设 $(a,n)=1$，则一次同余方程

$$ax\equiv b(\bmod n)$$

有解而且只有一个解。

证明：由于 $(a,n)=1$，存在整数 u,v 使得 $au+bv=1$。两边乘以 $b,uba+vbn=b$，令 $ub=c$，于是

$$ca\equiv uba+vbn\equiv b(\bmod n)$$

$x\equiv c$ 为其一解。其次，令 c_1,c_2 为任意两个解，于是

$$ac_1\equiv b(\bmod n)$$
$$ac_2\equiv b(\bmod n)$$

相减得 $a(c_1-c_2)\equiv 0(\bmod n)$，由于 $(a,n)=1$，所以 $c_1\equiv c_2(\bmod n)$，c_1,c_2 为同一解。

考虑下列一次同余方程组：

$$\begin{cases}x\equiv b_1(\bmod n_1),\\ x\equiv b_2(\bmod n_2),\\ \quad\vdots\\ x\equiv b_r(\bmod n_r)\end{cases}$$

其中，$n_1,n_2,\cdots,n_r$ 为大于 1 的整数，两两互素，$b_1,\cdots,b_r$ 是任意给定的整数。如果 $x=c\in\mathbf{Z}$ 代入方程组使得同余式同时成立，则 c 称为方程组的一个解。方程组的两个解 c_1 和 c_2 看作相同当且仅当

$$c_1\equiv c_2\left(\bmod\sum_{i=1}^r n_i\right)$$

定理 4.3.10 （中国剩余定理）设一次同余方程组

$$\begin{cases}x\equiv b_1(\bmod n_1),\\ x\equiv b_2(\bmod n_2),\\ \quad\vdots\\ x\equiv b_r(\bmod n_r),\end{cases}$$

中大于 1 的整数 $n_1, \cdots, n_r$ 两两互素, $b_1, \cdots, b_r$ 是任意给定的整数, 则方程组有且仅有一个解。

证明: 存在性。首先求解以下特殊情况, 其中 i 是某一固定的下标,

$$b_i = 1, b_1 = b_2 = \cdots = b_{i-1} = b_{i+1} = \cdots = b_r = 0$$

设 $k_i = n_1 n_2 \cdots n_{i-1} n_{i+1} \cdots n_r$。则 k_i 与 n_i 互素, 所以存在整数 u 和 v 使得 $uk_i + vn_i = 1$, 从而有同余

$$uk_i \equiv 0 \pmod{k_i}$$
$$uk_i \equiv 0 \pmod{n_i}$$

因为 $n_1, n_2, \cdots, n_{i-1}, n_{i+1} \cdots, n_r$ 都能整除 k_i, 所以 $x_i = uk_i$ 满足同余方程组

$$\begin{cases} x_i \equiv 0 \pmod{n_1}, \\ x_i \equiv 0 \pmod{n_2}, \\ \qquad \vdots \\ x_i \equiv 0 \pmod{n_{i-1}}, \\ x_i \equiv 1 \pmod{n_i}, \\ x_i \equiv 0 \pmod{n_{i+1}}, \\ \qquad \vdots \\ x_i \equiv 0 \pmod{n_r} \end{cases}$$

对每个下标 $i, 1 \leqslant i \leqslant n$, 我们都可找到这样的 x_i。现在, 来求解一般的同余方程组。令 $x = b_1 x_1 + b_2 x_2 + \cdots + b_r x_r$。则对于任意的 $i, q \leqslant i \leqslant r$,

$$x \equiv b_i x_i \equiv b_i \pmod{n_i}$$

所以 x 是一个解。

唯一性。设 x, x' 是两个解, 则对于任意的 $i, x \equiv x' \pmod{n_i}$, 所以 $n_i \mid (x - x'), 1 \leqslant i \leqslant r$。所以 $n_1, \cdots, n_r$ 的最小公倍数能整除 $(x - x')$。但是由于 $n_1, \cdots, n_r$ 两两互素, 所以最小公倍数就是乘积 $\prod\limits_{i=1}^{r} n_i$, 因此 $x \equiv x' \left(\bmod \prod\limits_{i=1}^{r} n_i \right)$。

由定理的证明可知, 同余方程组的解一定可以写成下面的形式:

$$x \equiv \sum_{i=1}^{r} r b_i N_i N_i' \pmod{n}$$

其中,

$$n = n_1 \cdots n_r$$
$$N_i = n/n_i$$
$$N_i' = N_i^{-1} \pmod{n_i}$$

对于 $i = 1, \cdots, r$。

4.4　二次剩余

定义 4.4.1　设 m 是一个正整数, 令

$$f(x) = a_n x^n + \cdots + a_1 x + a_0$$

是一个整系数多项式,则高阶同余方程或同余式是指具有下面形式的同余方程

$$f(x) \equiv 0 (\bmod m)$$

若 $a_n \not\equiv 0 (\bmod m)$,则 n 称为同余方程的次数,记为 $\deg f(x)$。此时同余式又称为模 m 的 n 次同余式。如果整数 a 使得

$$f(a) \equiv 0 (\bmod m)$$

成立,则 a 称为该同余式的解。满足 $x \equiv a (\bmod m)$ 的所有整数都使得同余式成立,同一个剩余类的解称为是同一个解。因此,同余式的解通常写成

$$x \equiv a (\bmod m)$$

在模 m 的完全剩余系中,使得同余式成立的剩余个数就做同余方程或同余式的解数。

定理 4.4.1 设 $m_1, \cdots, m_k$ 是 k 个两两互素的正整数,$m = m_1 \cdots m_k$。则同余式

$$f(x) \equiv 0 (\bmod m)$$

与同余式组

$$\begin{cases} f(x) \equiv 0 (\bmod m_1) \\ \quad\quad \vdots \\ f(x) \equiv 0 (\bmod m_k) \end{cases}$$

等价。

证明: 若 $f(a) \equiv 0 (\bmod m)$,则显然有 $f(a) \equiv 0 (\bmod m_i), 1 \leqslant i \leqslant n$。反过来,设 a 是同余方程组的一个解,则 $f(a)$ 是方程组

$$\begin{cases} y \equiv 0 (\bmod m_1) \\ \quad\quad \vdots \\ y \equiv 0 (\bmod m_k) \end{cases}$$

的一个解。由中国剩余定理,$f(a) \equiv 0 (\bmod m)$。

4.4.1 二次剩余

以下主要考虑二次同余方程。二次同余方程的一般形式如下。

定义 4.4.2 二次同余方程是指有下面形式的同余方程

$$x^2 \equiv a (\bmod m)$$

其中,$(a, m) = 1$。如果有解,则 a 称为模 m 的平方剩余或二次剩余,否则,a 称为模 m 的平方非剩余或二次非剩余。

大多数情况下,我们只研究上面的同余方程,而不考虑更一般的形式

$$ax^2 + bx + c \equiv 0 (\bmod m)$$

其中,$a \not\equiv 0 (\bmod m)$。

因为正整数 m 有素因数分解式 $m = p_1^{a_1} \cdots p_k^{a_k}$,由上面的定理,只需讨论模为素数幂

p^a 的同余式：

$$ax^2+bx+c\equiv0(\bmod\ p^a), \quad p\nmid a$$

将同余式两端乘以 $4a$，得到

$$4ax^2+4abx+4ac\equiv0(\bmod\ p^a)$$

或

$$(2ax+b)^2\equiv b^2-4ac(\bmod\ p^a)$$

令 $y=2ax+b$，则有

$$y^2=b^2-4ac(\bmod\ p^a)$$

定理 4.4.2 设 p 是一个奇素数，a 是一个不能被 p 整除的整数。则同余方程

$$x^2\equiv a(\bmod\ p)$$

要么无解，要么恰有两个模 p 的同余解。

证明：若 x,y 是两个解，那么 $x^2\equiv y^2(\bmod\ p)$，即 $p\mid(x^2-y^2)=(x+y)(x-y)$。所以 $p\mid(x-y)$ 或 $p\mid(x+y)$，也即是 $x\equiv\pm y(\bmod\ p)$。因此，同余方程 $x^2\equiv a(\bmod\ p)$ 要么无解，要么恰有两个模 p 的同余解。

定理 4.4.3 设 p 是一个奇素数，则恰有 $(p-1)/2$ 个模 p 的二次剩余和 $(p-1)/2$ 个模 p 的二次非剩余。

证明：考虑下面 $p-1$ 个同余方程：

$$x^2\equiv1(\bmod\ p)$$
$$x^2\equiv2(\bmod\ p)$$
$$\vdots$$
$$x^2\equiv p-1(\bmod\ p)$$

由于上面每一个同余方程或者无解，或者恰有两个解，所以，在整数 $1,2,\cdots,p-1$ 中，恰有 $(p-1)/2$ 个模 p 的二次剩余。剩下的 $p-1-(p-1)/2=(p-1)/2$ 个数都是模 p 的二次非剩余。

定理 4.4.4 设 p 是一个素数且 $a_n\neq0$，则同余方程

$$a_nx^n+\cdots+a_1x+a_0\equiv0(\bmod\ p)$$

的解数不超过 n。

证明：反证法。设同余方程至少有 $n+1$ 个解，设它们为

$$x\equiv c_i(\bmod\ p), \quad i=1,\cdots,n+1$$

对于前 n 个解 $c_1,\cdots,c_n$，可得到

$$f(x)=(x-c_1)\cdots(x-c_n)f_n(x)(\bmod\ p)$$

又因为 $f(c_{n+1})\equiv0(\bmod\ p)$，所以

$$(c_{n+1}-c_1)\cdots(c_{n+1}-c_n)f_n(c_{n+1})\equiv0(\bmod\ p)$$

又因为 $c_i\neq c_1,i=2,\cdots,n+1$，且 p 是素数，所以 $f_n(c_{n+1})\equiv0(\bmod\ p)$。但 $f_n(x)$ 是首项系数为 a_n，次数为 $n-n=0$ 的多项式，故 $p\mid a_n$，矛盾。

定理 4.4.5 (Euler 判别条件)设 p 是一个奇素数,$(a,p)=1$,则 a 是模 p 的二次剩余的充要条件是

$$a^{(p-1)/2} \equiv 1 (\bmod p)$$

证明: 由 Fermat 小定理,

$$(a^{(p-1)/2}-1)(a^{(p-1)/2}+1) \equiv a^{p-1}-1 \equiv 0 (\bmod p)$$

所以

$$a^{(p-1)/2} \equiv \pm 1 (\bmod p)$$

若 a 是模 p 的二次剩余,则存在整数 x_0 使得 $x_0^2 \equiv a (\bmod p)$。又由 Fermat 小定理,我们有

$$a^{(p-1)/2} \equiv (x_0^2)^{(p-1)/2} \equiv x_0^{p-1} \equiv 1 (\bmod p)$$

反过来,假设 $a^{(p-1)/2} \equiv 1 (\bmod p)$。因为

$$\begin{aligned} x^p - x &= x((x^2)^{(p-1)/2} - a^{(p-1)/2}) + (a^{(p-1)/2}-1)x \\ &= (x^2-a)xq(x) + (a^{(p-1)/2}-1)x \end{aligned}$$

其中,$q(x)$ 是 x 的整系数多项式。由 Fermat 小定理及 $a^{(p-1)/2} \equiv 1 (\bmod p)$,知方程

$$(x^2-a)xq(x) \equiv 0 (\bmod p)$$

有 p 个根 $0,1,\cdots,p-1$。因为 $xq(x)$ 的次数为 $p-2$,由上面的定理,它最多有 $p-2$ 个模 p 的解,因此 $x^2-a \equiv 0 (\bmod p)$ 即 $x^2 \equiv a (\bmod p)$ 必有解。所以 a 是模 p 的二次剩余。

注意,除非模很小,否则 Euler 判别条件不是一个判断整数是否二次剩余的使用方法。

同理,可证如下定理。

定理 4.4.6 设 p 是一个奇素数,$(a,p)=1$,则 a 是模 p 的二次非剩余的充要条件是

$$a^{(p-1)/2} \equiv -1 (\bmod p)$$

推论 4.4.1 设 p 是一个奇素数,$(a_1,p)=1,(a_2,p)=1$,则

(1) 如果 a_1,a_2 都是模 p 的平方剩余,则 a_1a_2 是模 p 的平方剩余;

(2) 如果 a_1,a_2 都是模 p 的平方非剩余,则 a_1a_2 是模 p 的平方剩余;

(3) 如果 a_1 是模 p 的平方剩余,a_2 是模 p 的平方非剩余,则 a_1a_2 是模 p 的平方非剩余。

推论 4.4.2 设 p 是一个奇素数,则 $(p-1)/2$ 个平方剩余与序列

$$1^2, 2^2, \cdots, \left(\frac{p-1}{2}\right)^2$$

中的一个数同余,且仅与一个数同余。

4.4.2 勒让德符号

定义 4.4.3 设 p 是素数,我们定义勒让德(Legendre)符号如下:

$$\left(\frac{a}{p}\right)=\begin{cases}1 & ,\text{若 } a \text{ 是模 } p \text{ 的平方剩余,}\\0 & ,\text{若 } p\mid a,\\-1 & ,\text{若 } a \text{ 是模 } p \text{ 的平方非剩余}\end{cases}$$

例 4.4.1　$\left(\dfrac{-1}{17}\right)=\left(\dfrac{1}{17}\right)=\left(\dfrac{9}{17}\right)=1$ 然而 $\left(\dfrac{3}{17}\right)=\left(\dfrac{6}{17}\right)=\left(\dfrac{11}{17}\right)=-1$。

由 Euler 判别条件可知如下定理。

定理 4.4.7　（Euler 判别法则）设 p 是奇素数，则对任意的整数 a,

$$\left(\frac{a}{p}\right)\equiv a^{(p-1)/2}(\bmod\ p)$$

根据 Euler 判别条件，并注意到 $a=1$ 时，$a^{(p-1)/2}=1$ 以及 $a=-1$ 时，$a^{(p-1)/2}=(-1)^{(p-1)/2}$，我们有如下推论。

推论 4.4.3　设 p 是奇素数，则

(1) $\left(\dfrac{1}{p}\right)=1$;

(2) $\left(\dfrac{-1}{p}\right)=-1^{(p-1)/2}$。

推论 4.4.4　设 p 是奇素数，那么

$$\left(\frac{-1}{p}\right)=\begin{cases}1 & ,\quad p\equiv 1(\bmod\ 4);\\-1 & ,\quad p\equiv 3(\bmod\ 4)\end{cases}$$

定理 4.4.8　设 p 是奇素数，那么

(1) $\left(\dfrac{a+p}{p}\right)=\left(\dfrac{a}{p}\right)$;

(2) $\left(\dfrac{ab}{p}\right)=\left(\dfrac{a}{p}\right)\left(\dfrac{b}{p}\right)$;

(3) 设 $(a,p)=1$，则 $\left(\dfrac{a^2}{p}\right)=1$。

证明：

(1) 因为同余方程

$$x^2\equiv a+p(\bmod\ p)$$

等价于同余方程

$$x^2\equiv a(\bmod\ p)$$

所以 $\left(\dfrac{a+p}{p}\right)=\left(\dfrac{a}{p}\right)$。

(2) 由 Euler 判别条件，有

$$\left(\frac{a}{p}\right)\equiv a^{(p-1)/2}(\bmod\ p),\quad \left(\frac{b}{p}\right)\equiv b^{(p-1)/2}(\bmod\ p)$$

以及

$$\left(\frac{ab}{p}\right) \equiv (ab)^{(p-1)/2} \pmod{p}$$

因此，

$$\left(\frac{ab}{p}\right) \equiv (ab)^{(p-1)/2} = a^{(p-1)/2} b^{(p-1)/2} \equiv \left(\frac{a}{p}\right)\left(\frac{b}{p}\right) \pmod{p}$$

因为勒让德符号取 ± 1，且 p 是奇素数，所以有

$$\left(\frac{ab}{p}\right) = \left(\frac{a}{p}\right)\left(\frac{b}{p}\right)$$

（3）显然。

推论 4.4.5 设 p 是奇素数，如果 $a \equiv b \pmod{p}$，则

$$\left(\frac{a}{p}\right) = \left(\frac{B}{p}\right)$$

对于一个与素数 p 互素的整数 a，Gauss 给出了另一个判别 a 是否为模 p 的二次剩余的判别法则。

引理 4.4.1 （Gauss）设素数 $p > 2$，$p \nmid d$，再设 $1 \leqslant j < p/2$，

$$t_j \equiv jd \pmod{p}, 0 < t_j < p$$

以 n 表示这 $(p-1)/2$ 个 $t_j (1 \leqslant j) < (p-1)/2$ 中大于 $p/2$ 的 t_j 的个数。那么，有

$$\left(\frac{d}{p}\right) = (-1)^n$$

证明： 对任意的 $1 \leqslant j < p/2$，

$$t_j \pm t_i \equiv (j \pm i)d \not\equiv 0 \pmod{p}$$

即

$$t_j \not\equiv \pm t_i \pmod{p}$$

以 $r_1, \cdots, r_n$ 表示 $t_j (1 \leqslant j \leqslant p/2)$ 中所有大于 $p/2$ 的数，以 $s_1, \cdots, s_k$ 表 $t_j (1 \leqslant j \leqslant p/2)$ 中所有小于 $p/2$ 的数。显然有

$$1 \leqslant p - r_i < p/2$$

于是

$$s_j \not\equiv p - r_i \pmod{p}, \quad 1 \leqslant j \leqslant k, \quad 1 \leqslant i \leqslant n$$

因此，

$$s_1, \cdots, s_k, p - r_1, \cdots, p - r_n$$

这 $(p-1)/2$ 个数恰好就是 $1, 2, \cdots, (p-1)/2$ 的一个排列。由此及定理条件得

$$
\begin{aligned}
1 \cdot 2 \cdots \cdot (p-1)/2 \cdot d^{(p-1)/2} &\equiv t_1 t_2 \cdots t_{(p-1)/2} \\
&\equiv s_1 \cdots s_k \cdot r_1 \cdots r_n \\
&\equiv (-1)^n s_1 \cdots s_k \cdot (p - r_1) \cdots (p - r_n) \\
&\equiv (-1)^n \cdot 1 \cdot 2 \cdots \cdot (p-1)/2 \pmod{p}
\end{aligned}
$$

进而有

$$d^{(p-1)/2} \equiv (-1)^n \pmod{p}$$

由勒让德符号的定义,引理得证。

Gauss 引理的含义即为,若 p 是奇素数,d 是整数,$(d,p)=1$,如果整数集合

$$\left\{ d, 2d, \cdots, \frac{p-1}{2}, d \right\}$$

中模 p 的最小正剩余大于 $\frac{p}{2}$ 的个数是 n,则

$$\left(\frac{a}{p} \right) = (-1)^m$$

它提供了一个直接计算勒让德符号的方法,但它的理论意义大于计算意义。

定理 4.4.9　设 p 是奇素数。

(1) $\left(\dfrac{2}{p} \right) = (-1)^{\frac{p^2-1}{8}}$;

(2) 若 $(a, 2p)=1$,则 $\left(\dfrac{a}{p} \right) = (-1)^{\sum\limits_{k=1}^{(p-1)/2} \left[\frac{ak}{p} \right]}$。

证明: 因为

$$ak = p\left[\frac{ak}{p} \right] + r_k, \quad 0 < r_k < p, \quad k = 1, \cdots, \frac{p-1}{2}$$

对 $k = 1, \cdots, \dfrac{p-1}{2}$ 求和,有

$$\begin{aligned}
a \frac{p^2-1}{8} &= p \sum_{k=1}^{(p-1)/2} \left[\frac{ak}{p} \right] + \sum_{i=1}^{t} a_i + \sum_{j=1}^{m} b_j \\
&= p \sum_{k=1}^{(p-1)/2} \left[\frac{ak}{p} \right] + \sum_{i=1}^{t} a_i + \sum_{j=1}^{m} (p - b_j) + 2 \sum_{j=1}^{m} b_j - mp \\
&= p \sum_{k=1}^{(p-1)/2} \left[\frac{ak}{p} \right] + \frac{p^2-1}{8} - mp + 2 \sum_{j=1}^{m} b_j
\end{aligned}$$

因此,

$$(a-1) \frac{p^2-1}{8} \equiv \sum_{k=1}^{(p-1)/2} \left[\frac{ak}{p} \right] + m \pmod{2}$$

若 $a=2$,则 $0 \leqslant \left[\dfrac{ak}{p} \right] \leqslant \left[\dfrac{p-1}{p} \right] = 0$,因而

$$m \equiv \frac{p^2-1}{8} \pmod{2}$$

若 a 为奇数,则

$$m \equiv \sum_{k=1}^{(p-1)/2} \left[\frac{ak}{p} \right] \pmod{2}$$

由 Gauss 引理可得。

推论 4.4.6 设 p 是奇素数,那么

$$\left(\frac{2}{p}\right)=\begin{cases}1,\text{若 }p\equiv\pm1(\bmod 8);\\-1,\text{若 }p\equiv\pm3(\bmod 8)\end{cases}$$

例 4.4.2 $\left(\frac{2}{7}\right)=1,\left(\frac{2}{53}\right)=-1$。

定理 4.4.10 (二次互反律)设 p,q 是互素奇素数,则

$$\left(\frac{p}{q}\right)\left(\frac{q}{p}\right)=(-1)^{(p-1)(q-1)/4}$$

证明: 因为 $(2,pq)=1$,所以

$$\left(\frac{p}{q}\right)=(-1)^{\sum_{i=1}^{\frac{p-1}{2}}\left[\frac{qi}{p}\right]}, \quad \left(\frac{q}{p}\right)=(-1)^{\sum_{j=1}^{\frac{q-1}{2}}\left[\frac{pj}{q}\right]}$$

所以只需证明

$$\sum_{i=1}^{\frac{p-1}{2}}\left[\frac{qi}{p}\right]+\sum_{j=1}^{\frac{q-1}{2}}\left[\frac{pj}{q}\right]=\frac{(p-1)(q-1)}{4}$$

考察长为 $\frac{p}{2}$,宽为 $\frac{q}{2}$ 的左下角坐标在原点的长方形内的整点个数:长方形的过原点的对角线上没有整点(除了原点);考察过点 $(i,0)$ 的垂线,其上的整点个数为 $\left[\frac{qi}{p}\right]$,因此,对角线以下的三角形内的整点个数为 $\sum_{i=1}^{\frac{p-1}{2}}\left[\frac{qi}{p}\right]$;考察过点 $(0,j)$ 上的水平直线上的整点,整点个数为 $\left[\frac{pj}{q}\right]$,因此,对角线以下的三角形内的整点个数为 $\sum_{j=1}^{\frac{q-1}{2}}\left[\frac{pj}{q}\right]$。所以,长方形内的整点个数为

$$\sum_{i=1}^{\frac{p-1}{2}}\left[\frac{qi}{p}\right]+\sum_{j=1}^{\frac{q-1}{2}}\left[\frac{pj}{q}\right]=\frac{(p-1)}{2}\frac{(q-1)}{2}$$

这就完成了定理的证明。

二次互反律也可以表示为 $\left(\frac{p}{q}\right)=(-1)^{\frac{p-1}{2}\frac{q-1}{2}}\left(\frac{q}{p}\right)$。二次互反律是经典数论中最伟大的定理之一。二次互反律解决了勒让德符号的计算问题,从而在实际上解决了二次剩余的判别问题。Gauss 在 1796 年做出第一个严格的证明,随后他又发现了另外 7 个不同的证明。Gauss 把二次互反律誉为算术理论中的宝石,是一个黄金定律。有人说:"二次互反律无疑是数论中最重要的工具,并且在数论的发展史中处于中心地位。"高斯之后雅可比、柯西、刘维尔、克罗内克、弗洛贝尼乌斯等人也相继给出了新的证明。至今,二次互反律已有超过 200 个不同证明。二次互反律可以推广到更高次的情况,如三次互反

律等。

例 4.4.3　判断同余方程

$$x^2 \equiv -1 (\mathrm{mod}\ 365)$$

是否有解,有解时,求出其解数。

解:因为 $365 = 5 \cdot 73$,所以,原同余方程等价于

$$\begin{cases} x^2 \equiv -1 (\mathrm{mod}\ 5) \\ x^2 \equiv -1 (\mathrm{mod}\ 73) \end{cases}$$

因为

$$\left(\frac{-1}{5} \right) = \left(\frac{-1}{73} \right) = 1$$

故同余方程组有解,所以原同余式有解,解数为 4。

例 4.4.4　判断同余方程

$$x^2 \equiv 137 (\mathrm{mod}\ 227)$$

是否有解。

解:因为 22 是素数,所以

$$\left(\frac{137}{227} \right) = \left(\frac{-90}{227} \right) = \left(\frac{-1}{227} \right) \left(\frac{2 \cdot 3^2 \cdot 5}{227} \right) = - \left(\frac{2}{227} \right) \left(\frac{5}{227} \right)$$

又

$$\left(\frac{2}{227} \right) = (-1)^{\frac{227^2-1}{8}} = -1$$

所以

$$\left(\frac{5}{227} \right) = (-1)^{\frac{5-1}{2} \frac{227-1}{2}} \left(\frac{227}{5} \right) = \left(\frac{2}{5} \right) = (-1)^{\frac{5^2-1}{8}} = -1$$

因此

$$\left(\frac{137}{227} \right) = -1$$

所以,同余方程无解。

4.4.3　雅可比符号

下面介绍雅可比(Jacobi)符号,它是勒让德符号的一个自然推广。

定义 4.4.4　设 a 是整数,$n > 1$ 是正奇数。若 $n = p_1^{a_1} \cdots p_k^{a_k}$,则雅可比符号 $\left(\dfrac{a}{n} \right)$ 定义为

$$\left(\frac{a}{n} \right) = \left(\frac{a}{p_1} \right)^{a_1} \left(\frac{a}{p_2} \right)^{a_2} \cdots \left(\frac{a}{p_k} \right)^{a_k}$$

其中，$\left(\dfrac{a}{p_1}\right)$ 是勒让德符号，$i=1,\cdots,k$，p_i 是奇素数。若 n 是奇素数，则雅可比符号就是勒让德符号。

下面给出雅可比符号的一些性质，请读者自证。

定理 4.4.11　设 m 和 n 是任意两个正的奇合数，且 $(a,n)=(b,n)=1$，则

(1) 若 $a\equiv b(\bmod n)$，则 $\left(\dfrac{a}{n}\right)=\left(\dfrac{b}{n}\right)$；

(2) $\left(\dfrac{a}{n}\right)\left(\dfrac{b}{n}\right)=\left(\dfrac{ab}{n}\right)$；

(3) 若 $(m,n)=1$，则 $\left(\dfrac{a}{mn}\right)\left(\dfrac{a}{m}\right)=\left(\dfrac{a}{n}\right)$；

(4) $\left(\dfrac{-1}{n}\right)=(-1)^{(n-1)/2}$；

(5) $\left(\dfrac{2}{n}\right)=(-1)^{(n^2-1)/8}$；

(6) 若 $(m,n)=1$，则 $\left(\dfrac{m}{n}\right)\left(\dfrac{n}{m}\right)=(-1)^{(m-1)(n-1)/4}$。

注意，雅可比符号 $\left(\dfrac{a}{n}\right)=1$ 并不能推出 a 是模 n 的二次剩余。事实上，a 是模 n 的二次剩余当且仅当 a 是模 p 的二次剩余，对于 n 的每个素因子 p。例如，雅可比符号 $\left(\dfrac{2}{3\,599}\right)=1$，但是二次同余方程 $x^2\equiv 2(\bmod 3\,599)$ 无解。但若 $\left(\dfrac{a}{n}\right)=-1$，则 a 是模 n 的二次非剩余。

定义 4.4.5　设 $m>1$ 是整数，a 是与 m 互素的正整数。则使得
$$a^e\equiv 1(\bmod m)$$
成立的最小正整数 e 称为 a 对模 m 的指数，记作 $\mathrm{ord}_m(a)$。如果 a 对模 m 的指数等于 $\varphi(m)$，则 a 称为模 m 的原根。

例 4.4.5　设 $m=9$，则
$$\mathrm{ord}_9(1)=1,\quad \mathrm{ord}_9(8)=2,\quad \mathrm{ord}_9(7)=3,\quad \mathrm{ord}_9(2)=\mathrm{ord}_9(5)=\varphi(9)=6$$
所以 2,5 是模 9 的原根。

需要说明的是，不是所有模 n 都有原根，下面的定理表明了哪些模存在原根。

定理 4.4.12　一个整数 $n>1$ 有原根当且仅当
$$n=2,4,p^\alpha,2p^\alpha$$
其中，p 是一个奇素数，α 是一个正整数。

定理 4.4.13　若 n 存在原根，那么原根的个数等于 $\varphi(\varphi(n))$。

定理 4.4.14　设 $(g,n)=1$，若 g 是模 n 的一个原根，则集合 $\{g,g^2,\cdots,g^{n-1}\}$ 是模 n

的一个既约剩余系。

定义 4.4.6 设 g 是模 n 的一个原根,若 $(a,n)=1$,则满足 $a \equiv g^k \pmod{n}$ 的最小正整数 k 称为模 n 的以 g 为底 a 的指标,记为 $\mathrm{ind}_{g,n}(a)$,或简记为 $\mathrm{ind}_g a$。

关于原根、指数、指标的进一步理论可参考文献 [1] 或 [5]。

习　题

1. 设 $a \geqslant 2$ 是给定的正整数。证明:对于任一正整数 n 必有唯一的整数 $k \geqslant 0$ 使得 $a^k \leqslant n < a^{k+1}$。

2. 证明:对任意的实数 x 有 $[x]+[x+1/2]=[2x]$。

3. 证明:对任意整数 $n \geqslant 2$ 及实数 x 有 $[x]+[x+1/n]+\cdots+[x+(n-1)/n]=[nx]$。

4. 设 $m>1, m \mid (m-1)!+1$,证明:m 是素数。

5. 设 $n \geqslant 0$,$F_n=2^{2^n}+1$。再设 $m \neq n$。证明:若 $d>1$ 且 $d \mid F_n$,则 $d \nmid F_m$。由此推出素数有无穷多个。

6. 证明:$3k+1$ 形式的奇数一定是 $6h+1$ 形式;$3k-1$ 形式的奇数一定是 $6h-1$ 形式。

7. 证明:形如 $4k-1$ 或 $6k-1$ 的素数有无穷多个。

8. 利用辗转相除法求 2 947 和 3 997 的最大公因子。

9. 求满足 $(a,b,c)=10,[a,b,c]=100$ 的全部正整数组。

10. 设 $a>b,(a,b)=1$。证明:
$$(a^m-b^m, a^n-b^n)=a^{(m,n)}-b^{(m,n)}$$

11. 证明 $\sqrt{2}, \sqrt{3}, \sqrt{15}$ 都不是有理数。

12. 设整系数多项式 $P(x)=x^n+a_{n-1}x^{n-1}+\cdots+a_1 x+a_0, a_0 \neq 0$。若 $p(x)$ 有有理根 x_0,则 x_0 必是整数,且 $x_0 \mid a_0$。

13. 设 a,n 都是正整数,证明 a^n-1 是素数当且仅当 $a=2$ 和 $n=p$ 是素数。形如 $M_p=2^p-1$ 的素数称为 Mersenne 素数。计算前六个 Mersenne 素数。

14. 证明:$x^5+3x^4+2x+1=0$ 没有有理解。

15. 不定方程 $x^2+y^2=z^2$ 的正整数解可表示为
$$x=2ab, \quad y=a^2-b^2, \quad z=a^2+b^2$$

16. 证明:方程 $x^4+y^4=z^2$ 没有整数解。

17. 设 $m>1$,证明:$m \nmid 2^m-1$。

18. 证明:$\log_2 10, \log_3 7, \log_{15} 21$ 都是无理数。

19. 求 $20!, 32!$ 的标准因数分解式。

20. 求 $120!$ 的十进制表达式中结尾有多少个 0?

第 4 章　初等数论基础

· 81 ·

21. 求使得 Euler 函数值 $\varphi(n)=24$ 的全部正整数 n。

22. 设 $(m,n)=1$。证明：$m^{\varphi(n)}+n^{\varphi(n)}\equiv 1(\mathrm{mod}\ mn)$。

23. 设 $m>n\leqslant 1$。求最小的 $m+n$ 使得

$$1\ 000\ |\ 1\ 978^m-1\ 978^n$$

24. 求解同余方程组

$$\begin{cases} x\equiv 2(\mathrm{mod}\ 7) \\ x\equiv 7(\mathrm{mod}\ 9) \\ x\equiv 3(\mathrm{mod}\ 4) \end{cases}$$

25. 判断同余式

$$x^2\equiv 2(\mathrm{mod}\ 3\ 599)$$

是否有解。

26. 判断同余式

$$x^2\equiv 2(\mathrm{mod}\ 67)$$

是否有解。

27. 判断同余式

$$x^2\equiv -2(\mathrm{mod}\ 67)$$

是否有解。

28. 证明形如 $4k+1$ 的素数有无穷多个。

29. 求解同余方程

$$x^4+7x+4\equiv 0(\mathrm{mod}\ 243)$$

30. 求解同余方程

$$x^{22}\equiv 5(\mathrm{mod}\ 41)$$

31. 求解同余方程

$$x^{22}\equiv 29(\mathrm{mod}\ 41)$$

32. 求所有素数 p 使得 5 是模 p 的二次剩余。

33. 求所有素数 p 使得 -5 是模 p 的二次剩余。

34. 设素数 $p>2$,证明:2^p-1 的素因数 $\equiv \pm 1(\mathrm{mod}\ 8)$。

35. 计算下列勒让德符号或雅可比符号

$$\left(\frac{17}{37}\right),\left(\frac{151}{373}\right),\left(\frac{191}{397}\right),\left(\frac{911}{2\ 003}\right),\left(\frac{37}{200\ 723}\right),\left(\frac{2\ 663}{3\ 299}\right),\left(\frac{7}{20\ 040\ 803}\right),\left(\frac{1\ 001}{20\ 003}\right)$$

36. 计算 $2,3,5,6,7,8,9,14$ 模 15 的指数。

37. 求模 $14,23,41,43$ 的所有原根。

38. 求模 $1\ 681$ 的所有原根。

39. 设 p 是一个奇素数,已知一个模 p 的原根,设计一个计算模 p^2 的原根的算法。

参 考 文 献

[1] 华罗庚. 数论导引. 北京：科学出版社,1957.

[2] 万哲先. 代数和编码. 3 版. 北京：高等教育出版社,2007.

[3] 万哲先. 代数导引. 2 版. 北京：科学出版社,2010.

[4] 聂灵沼,丁石孙. 代数学引论. 2 版. 北京：高等教育出版社,2000.

[5] 潘承洞,潘承彪. 简明数论. 北京：北京大学出版社,1998.

[6] 丘维生. 抽象代数基础. 北京：高等教育出版社,2003.

[7] 杨思熳. 数论与密码. 上海：华东师范大学出版社,2010.

[8] 陈恭亮. 信息安全数学基础. 北京：清华大学出版社,2004.

[9] 冯荣权,宋春伟. 组合数学. 北京：北京大学出版社,2013.

[10] Hardy G H, Wright E M. An Introduction to the Theory of Numbers. 5th ed. New York：The Clarendon Press,Oxford University Press,1979.

[11] Rudolf Lidl, Harald Niederreiter, Cohn P M. Finite fields. Cambridse university press, 2008.

[12] Jacobson N. Basic algebra(I,II). 2nd ed. New York：W. H. Freeman and Company,San Francisco,1985.

[13] Van derWaerden, B. L. ,modern Algebra,English translation of the original German, Volume I,Frederick Ungar Publishing Company,New York,1949；multiple later translated editions. Volume II,Frederick Ungar Publishing Company,New York, 1950；multiple later translated editions.

[14] Weil A. Number theory：An Approach Through History,From Hammurapi to Legendre. Boston：Birkhäuser Boston Inc. ,1984.